재료 기초 실험

재료 기초 실험

에너지 소재 평가 • 분석의 기초

문태호 · 윤종원

단국대학교출판부

머리말

이 책은 재료공학개론, 결정학, 세라믹스개론, 기기분석 등에서 배운 전공 이론 지식을 실제 실험과 연결시켜주는 목적으로, 학부 2, 3학년을 대상으로 한 실험 과목을 위해 제작된 교재이다. 신소재공학부에서 실제로 진행되었던 실험 과목에서의 커리큘럼을 바탕으로 이를 보강하여, 실험 과목을 진행 시에 학생들이 실험과 관련된 이론을 더욱 쉽게 접근하고 실험의 진행 및 보고서 작성을 더욱 체계적으로 할 수 있게끔 구성하였다. 본 교재는 신소재공학 · 에너지공학을 전공하는 학생들에게 다양한 기초적 실험을 경험하도록 하여, 강의실에서 배운 이론과 개념을 쉽고 재미있게 이해를 돕는 데 주안점을 두었다.

다양한 산업 분야 중 에너지 산업은 화석 연료 고갈 및 기후 변화 억제를 위해, 시간이 지날수록 그 수요는 기하급수적으로 증가할 것으로 예상된다. 그러므로 이에 대한 연구는 인류의 생존을 위해서 선택이 아니라 필수로 여겨진다. 그 중에서도 태양전지는 학문이 이미 잘 정립되었으며, 반도체 산업과의 유사성으로 인해, 에너지 발전을 위한 여러 분야 중에서 발전 가능성이 매우 크다. 교재 전반부에서 재료에 대한 기초 지식과 분석 방법을 경험한 후, 이를 바탕으로 태양전지에 대한 기초 이론과 간단한 실습을 경험함으로써 본인이 배운 이론들이 실제 어떻게 응용되는 지를 경험할 수 있도록 하였다.

각 실험은 실험 이론, 실험 목적, 시약 및 기구, 실험 과정, 결과, 토론 및 참고 문헌으로 구성하였다. 실험 이론은 학생들의 이해를 돕기 위해 실험의 이론을 비교적 쉽고 간단히 설명하였으며, 실험 목적에서는 각 실험에서 추구하는 궁극적인 목표에 대해 다루었다. 시약 및 기구에서는 실험에 쓰이는 시약이나 분석 장비 또는 기구들에 대해 기술하였고, 실험 과정에서는 실험이 진행되는 세부 단계를 순서대로 기술하였으며, 결과에는 실험을 통해 측정한 결과를 각 항목별 표 또는 그림의 형태로 바로 기입할 수 있도록 하였다. 마지막으로 토론에서는 실험 결과를 통해 유추할 수 있는 개념을 기술하거나, 실험 시 발생한 결과에 대한 분석 및 실험자의 의견을 기술할 수 있도록 하였다.

교재의 전반부는 실험 중 유의해야 할 사항과 발생할 수 있는 안전사고를 예방할 수 있는 실험실 안전 교육, 그리고 실험 결과의 난해함과 혼동으로 인해 잘못된 결과 보고서를 제출하는 오류를 방지하기 위해 실험 노트 작성법을 다루었다. 3장과 4장에서는 재료의 결정구조에 대한 이해를 돕기 위한 실험으로써, 모형을 이용한 결정구조 제작 및 충진율의 평가에 대한 실험으로 구성하였다. 5장과 6장에서는 재료의 합성에 대한 경험을 주기 위해, 세라믹 소결체를 직접 만들어보고 제작된 소결체를 평가하는 실험 들로 구성하였다. 7장부터 9장까지는 재료가 어떻게 평가될 수 있는지 재료를 분석하는 방법 들에 대한 경험을 위해, 대표적인 분석 방법들인 X선 회절, 주사 전자 현미경, 광학 분석에 대해 다루었다. 마지막 장인 태양전지 기초 부분에서는 태양전지 구동의 기초 이론으로써 PN 접합 및 다이오드 커브의 이해와 함께, 태양전지 IV 곡선 및 파라미터 추출, 기생 저항, 양자효율 평가를 경험하기 위한 기초실험 들로 구성하였다.

본 교재에서는 재료 공학의 기초적인 실험을 학생들에게 스스로 진행하게 함으로써, 성취감을 고취시킴과 함께 어려울 수 있는 재료 공학의 거부감을 덜어주고 더욱 가까워지는 데에 도움을 줄 것이라 생각한다. 또한 본 교재는 제한적인 실험 여건에서도 이론의 이해를 최대한 높이고 탐구 능력을 배양할 수 있도록 설계 되었으므로, 실험 과정을 통해 얻어진 지식 및 경험이 학생들로 하여금 유사한 문제에 접했을 때 큰 어려움 없이 해결할 수 있는 바탕이 될 수 있으리라 기대한다.

마지막으로 많은 시간을 할애하여 집필에 도움을 준 단국대학교 신소재공학부 송찬근, 박건면, 정용기, 정중훈, 최원규 학생에게 큰 감사함을 전하며, 교정과 편집을 위해 수고해 주신 단국대학교 출판부 및 에너지 인력 양성 사업단 관계자 분들의 노고에 감사드린다.

2014년 6월 저자

목 차

제 1 장

실험실 안전 교육

1. 실험실 안전 수칙

1) 실험 시작 전 실험의 내용을 숙지하고, 실험실에서는 반드시 가운을 입고 조용히 하며 정숙한 태도로 실험에 임해야 한다.
2) 사용하는 시약, 반응, 기구 등의 특성을 미리 알아둔다.
3) 화학 실험은 화재, 폭발 및 유독 가스 질식, 유독성 액체 접촉 등의 위험성에 대한 가능성이 많으므로 허가되지 않은 실험은 절대로 해서는 안 된다.
4) 사고가 날 경우 비상구와 소화기의 위치, 구급약의 위치와 사용법을 미리 알아두어야 한다. 만일 실험실에서 사고가 나면, 교수에게 즉시 보고한다.
5) 시약이 튀거나 유리 파편이나 뜨거운 증기에 의하여 눈에 치명적 손상을 줄 수 있기 때문에 반드시 눈을 보호하기 위하여 보안경을 착용한다.
6) 유독하거나 몸에 해로운 증기를 발생하는 화학 물질을 사용하거나 만드는 실험인 경우 반드시 후드(fume hood) 안에서 실험해야 한다.
7) 실험실에서는 절대로 음식물을 먹지 않도록 한다.
8) 실험실에서 얻은 데이터는 잘 기입한다.
9) 시약병, 유리 기구, 실험대는 항상 깨끗하게 준비되어야 한다.
10) 실험 진행 시에는 반드시 자리를 지킨다.
11) 실험실 안전 수칙 준수를 통해 사고를 미연에 방지한다.
12) 실험은 절대 단독적으로 혼자 진행해서는 안 되며, 반드시 조교나 교수의 통제하에 진행한다.
13) 실험실에서 허가되지 않은 실험은 절대로 진행해서는 안 된다.
14) 실험 기기 셋팅 및 실험 수행을 마친 후, 실험실에서 퇴장할 시에는 반드시 실험 테이블 위를 정리하여 사고를 미연에 방지하도록 한다.
15) 햇빛에 매우 민감하여 변질되거나 반응할 수 있는 시약은 반드시

갈색병에 담아 그늘이나 햇빛이 닿지 않는 곳에서 보관한다.

16) 유기 용매는 실험실 싱크대 배수구에 직접 버려서는 안 되며, 조교나 교수의 지시에 따라 폐수를 별도로 보관하는 용기에 담아 보관하고, 용기 표면 또는 별도의 기록부에 사용된 용매에 관한 정보(종류, 농도, 부피 및 질량 등) 및 폐기 일자 등을 가능한 한 상세히 기재하여, 보관 및 처리 시 다른 물질과 화학 반응할 가능성을 미연에 방지하도록 하며, 화학 폐기물 처리에 도움이 되도록 한다.

2. 사고 발생 시 응급처치

1) 사고 발생 시

실험실 내 사고 발생 시 침착하게 응급조치를 취하고 교수 또는 조교에게 안전 확인을 받은 후 실험 한다.

2) 화재가 발생하였을 때

큰소리로 "불이야"하고 분명하게 외친다. 버너, 전기 등의 열원을 모두 끄고, 인화성 물질을 먼 곳으로 옮기며, 화학 화재용 소화기를 사용하여 소화 작업을 한다. 물에 잘 섞이지 않는 유기 용매에 불이 붙었을 경우 물을 사용해서는 안 된다. 1분 내에 진화되지 않으면 화재 경보기를 작동시키고 질서 있게 대피한다.

3) 시약에 의한 화상

즉시 다량의 깨끗한 찬물로 씻는다. 산에 의한 화상일 경우에는 묽은 탄산수소 소듐 용액으로, 염기성 시약에 의한 화상일 경우에는 묽은 아세트산 용액으로 씻은 후 적절한 치료를 받는다.

4) 눈에 시약이 들어 갔을 때

준비되어 있는 다량의 깨끗한 물로 즉시 세척한 후 반드시 의사의 검진을 받도록 한다.

5) 유독한 기체를 흡입하였을 경우

즉시 통풍이 잘 되는 곳으로 옮기고, 앉거나 누워서 깊게 호흡을 한다. 다량의 기체를 흡입하였을 경우에는 즉시 의사의 치료를 받는다.

6) 폭발이 발생하였을 때

일단 실험실에서 모든 학생을 대피시키고, 화재가 발생하였을 경우에는 방독면을 착용하고 화학 화재용 소화기를 사용하여 소화한다. 실험실의 통풍이 잘 되도록 조처하고, 유독성 기체가 없음을 확인한 후 뒤처리 한다.

7) 유리 등에 의해 피부를 베었을 때

옥시풀이나 소독용 알코올로 소독하고 유리 파편이 들어 있지 않은 것을 확인한 후, 페니실린 연고를 바른 후 붕대로 감는다.

3. 실험 시 유의 사항

1) 실험 후 유리 초자에 묻어 있는 화학물질을 깨끗이 제거하기 위해서는 별도의 유리 세척 용액에 일정 시간 보관하여 세척한다.
2) 유리판 및 유리 초자는 부드러운 수세미로 세척하여 유리에 흠집이 생기지 않게 한다.

3) 유리 초자는 세척 후 증류수로 반복하여 헹구고, 마지막에 아세톤을 이용하여 잔류된 물을 제거하며, 이후 정해진 장소에 보관한다.
4) 고체 시약을 취급할 시에는 약 주걱을 사용하며, 같은 약 주걱을 가지고 다른 시약을 취급하는 일이 없도록 한다.
5) 액체 시약을 취급할 시에는 직접 스포이드나 피펫을 시약병에 넣고 일정량의 액체 시약을 취하면 안 된다. 깨끗하고, 잘 말린 비커에 필요한 양만큼 액체 시약을 따르고 여기에 스포이드나 피펫 등을 사용하여 액체 시약을 취한다.
6) 고체 및 액체 시약을 일정량 취하여 사용한 이후 유산지나 비커 등에 남은 시약을 다시 시약병에 넣어서는 안 된다.
7) 저울에 직접 시약을 접촉시켜 무게를 측정하여서는 안 된다. 이 경우 무게 측정용 종이(유산지)나 접시 등을 이용하여 그 무게를 영점 처리하고, 이후 시약을 그 위에 담아 무게를 잰다.
8) 시약이 보관된 원래의 시약병 이외의 다른 용기에 화학 물질 또는 용액을 보관할 경우, 적절한 마개를 선택하여 화학물질이나 용액이 용기의 마개와 화학 반응할 가능성을 사전에 차단한다.
9) 부피 측정용 유리 기구 눈금 측정법

   액체 시약을 유리 초자에 담으면 곡선 가장자리보다 가운데가 낮거나 높아지게 되는 매니스커스(meniscus)가 생긴다. 이 때, 매니스커스 가운데가 눈금에 닿을 때의 값을 부피로 읽는다. 매니스커스 가운데는 용액의 뒷면이나 매니스커스 아래 부분을 손가락으로 어둡게 하면 쉽게 읽을 수 있다. 눈금은 눈금 용기와 눈의 높이를 수평으로 하여야 정확하게 읽을 수 있다. 눈금 실린더와 같이 눈금이 그려진 용기는 상온에서 건조시켜, 고온 건조 시 유리 팽창으로 인한 부피 변화를 최소화 한다.
10) 유리 초자 세척법

   일반적으로 액체 시약과 접촉했던 유리 초자는 사용 후 우선 깨끗한 물로 반복해서 헹구고 액체 세제를 몇 방울 떨군다. 유리 기구 목 부분이 손상되지 않도록 주의하면서 더 이상의 물을 가하지 않고 적당한 시험관 솔로 잘 문지른다. 특히 더러운 곳의 가장자리를 잘 닦는다. 세척 후 여전히 더럽거나 기름기가 있는 부분은 같은 방법을 반복하여 깨끗해질 때까지 세척한다. 유리 초자의 안팎을 철저히 헹구고 물이 빠지게 거꾸로 엎어 놓는다. 비커나 플라스크와 같은 유리 초자는 손쉽게 물을 제거하기 위해 휘발성을 갖는 아세톤으로 린스한 후 건조대 위나 대류 오븐 안에서 최종 건조시킨다. 단, 눈금실린더와 같은 정밀 부피 측정을 위한 눈금이 있는 초자는 상온에서 건조하여, 고온 건조 시 유리 초자의 부피 팽창으로 인해 눈금 간격이 변화되는 것을 막도록 한다. 점도가 매우 높은 고분자 용액을 취급하기 위해 사용한 유리 초자의 경우는, 일정 조성의 세척액에 단시간 보관 후 위와 동일한 방법으로 세척하고 건조시킨다.

4. 특별히 안전에 유의해야 할 사항

1) 화학약품

화학약품은 거의 대부분 인체에 좋지 않으므로 사용할 때에는 항상 주의하는 것이 좋다. 이 중에 산과 알칼리는 화학 분석이나 광물 분석 실험에서 가장 많이 사용되는 것으로 피부에 닿을 경우에는 흐르는 수돗물에 빨리 여러 번 씻어내고 묽은 알칼리(중탄산소다) 용액이나 묽은 산(묽은 식초산이나 수산 등)으로 중화시켜 주어야 하고, 심한 경우에는 의사의 치료를 받아야 한다.

금속은 물과 급격하게 반응하면서 많은 열을 발생하고 때로는 폭발성을 가진 것도 있다. 이와 비슷한 성질을 가진 것으로 탄화물(CaC_2), 인화합물(Ca_3P_2), 수소화합물(LiA_1H_4), 생석회(CaO), 소석고($CaSO_4$) 등이 있다. 이들의 취급에는 특별히 주의가 있어야 한다.

2) 유독가스

가스 상태의 화학약품으로는 할로겐원소(불소, 염소, 브롬 등)가 있으며, 이것은 대단히 큰 독성을 가졌으므로 생명에도 치명적이다. 이러한 가스를 사용할 경우에는 염산, 황산, 질산, 불산 등을 취급할 경우(특히 가열하는 경우)와 같이 환기 설비(후드 등)가 특별히 잘 되어 있는 곳에서 해야 한다. 용기 내에 저장되어 있는 가스류 중에 암모니아, 일산화탄소, 이산화탄소, 이황화탄소, 아황산가스, 수성가스, 산화질소 등은 독성이 강하고, 메탄, 에탄, 프로판, 부탄, 일산화탄소, 이황화탄소, 황화수소, 염화메틸 등은 가연성이므로 연결 부위나 밸브 등에서의 누출 여부를 잘 확인하여 실내에 오염이 되지 않도록 특별히 주의하여야 한다. 사용 후 배출된 가스는 실험실 내에서 흡수, 중화시키는 것이 가장 좋다.

3) 고압가스

질소, 산소, 수소, 아세틸렌, 프로판, 아르곤, 헬륨 등과 같이 고압 용기에 채워져 있는 가스는 그 용기를 실험실 구석진 곳에 움직이지 않도록 잘 고정시켜 두어야 하며, 이를 옮길 때도 넘어지지 않게 주의하여야 한다. 특히 수소, 프로판, 아세틸렌가스는 폭발성이 강한 가스이므로 취급에 주의하여야 한다. 오토클레이브는 대단히 높은 수증기 압력이 걸리므로 안전성에 유의해야 한다.

4) 인화성 및 가연성 물질

알코올, 에테르, 아세톤, 신너(페인트), 알콕사이드 등과 석유계는 화재에 대단히 위험한 인화성 물질이므로 실험실 내에 두지 않는 것이 원칙이다. 특히 전기로, 연소가마 건조로, 난로, 전기 스위치 등과 같이 열기가 있는 곳에는 인화성 물질은 물론이고 종이, 나무, 고무, 플라스틱 등과 같은 가연성 물질도 두어서는 안 된다.

5) 위험물

염소산염(산소를 내는 물질과 반응하면 폭발성을 띰) 및 금속 분말(저온에서 착화성), 수소화 리튬, 금속 나트륨(공기나 물과 반응하여 발화성), 인화성 액체(위에 예시), 탄소 화합물, 인 화합물, 수소 화합물(물과 반응하여 폭발) 등을 사용할 때에는 특별히 허락을 받아서 사용하여야 한다.

6) 공해 물질

지구의 환경을 보호하여 이 땅에서 영원히 살아갈 인류의 삶의 질을 올려주기 위하여 선진 여러 나라에서는 법률로 환경 기준을 정하여 공해 방지에 힘쓰고 있다. 이러한 노력은 앞으로 더욱 강화될 것으로 전망되며, 그 대상은 물과 공기이다. 요업 분야에서도 미리 물과 공기의 오염 방지에 대하여 관심을 갖지 않을 수 없게 되었다. 물의 등급을 생물학적 산소요구량, 부유물 함량, 용존산소량, 대장균수 등으로 나누고 있으나 인체에 치명적인 것은 물에 포함되어 있는 중금속류일 것이다. 요업에서 가장 큰 문제가 되는 화학 성분은 몇 가지가 있는데 열처리 중에 휘발 성분으로 발생되어 공기 중에 섞이거나 음식물을 보관, 세라믹스를 제조, 세라믹스가 땅속에 버려졌을 때 등 용출되어 나오기도 한다. 이러한 화학 성분은 제조 중에 주의하거나 소성 중에 불용성의 규산염으로 바꾸어 주면 그 양을 크게 줄여주거나 없앨 수도 있다. 다음은 법적으로 정한 중요 유해 성분과 폐수 중 이들의 배출 기준치이다.

표 1-1 법적 유해 성분과 폐수의 배출 기준치

유해 성분	수은(Hg)	6가 크롬 (Cr)	납(Pb), 카드뮴(Cd), 인(P)	비소(As)	아연(Zn)	철(Fe), 망간(Mn)	불소(F)
배출 기준치	〈0.005ppm	〈0.5ppm	〈0.1ppm	〈0.1ppm	〈5ppm	〈10ppm	〈15ppm

이러한 성분을 사용할 경우 폐수에 섞이지 않도록 유의하여야 하고 폐기되는 것은 별도로 모아 처리하여야 한다. 이외에도 요업 분야에서 사용하는 재료로써 석회, 바륨화합물, 규선, 석면, 크롬철광, 암면, 유리섬유와 위스커 등의 미세 입자가 물 또는 공기 중에 섞여 있으면 순환기나 호흡기에 장애를 줄 수 있으므로 이들을 취급하는 작업장에서는 그 취급에 유의해야 할 뿐만 아니라 반드시 이들을 포집하는 설비를 갖추어야 한다. 또한 상온이나 고온에서 휘발성분이 발생되어 인체에 해로움을 주는 것으로는 베릴륨 화합물, 불화물, 염화물, 규화물, 실란 등이 있다.

7) 전기 및 기타

고압 전기를 사용하는 기기는 반드시 접지선을 연결해야 하며, 기기를 사용할 때는 언제나 감전 방지에 주의하여야 한다. 한 예로 전기가마 내에 성형품을 넣거나 꺼낼 때는 반드시 전원을 끈 다음 행하여야 하고, 만일 감전 사고가 발생하였을 때는 먼저 전원을 끄고 의사에게 꼭 연락하여야 한다. 이외에도 마이크로 오븐이나 유도 전기로와 같은 전기기기에서 발생되는 전자파나, 이외 레이저, 플라즈마, X선 등이 발생되는 곳은 인체에 유해하므로 가능한 접근을 피하는 것이 좋고 이들에 대한 주의사항을 잘 지켜야 한다.

8) 폐기물 처리

세라믹스 실험에서 폐기물은 많이 발생되지는 않는다. 발생되는 폐기물 중에 유기물은 거의 없고 무기물이 대부분이지만 심각한 폐기물이라 할 수 있는 것은 중금속을 흔히 쓰는 유약이나 안료이다. 최근에 와서 이러한 유약이나 안료의 실험은 별로 하지 않고 있으나 납 바륨, 안티몬, 비소 등이 전자 세라믹스와 실링제 등의 제조에 쓰이고 있다. 이러한 것도 안정한 화합물로 만들어 주면 용출이 적어질 뿐만 아니라 이들은 재활용할 수 있으므로 처리에는 별 어려움이 없다. 그러나 중금속이 함유된 폐액은 함부로 버려서는 안 된다. 그러므로 각 금속의 종류에 따라 다르기는 하지만 일반적인 처리 원리대로 다른 약품을 첨가하여 물에 녹지 않고 독성이 없는 다른 화합물로 만들어 처리하도록 한다.

▷ 참고 문헌 ◁

1) 김은옥, 일반화학실험(제3판), 자유아카데미, 2010.

2) 김현주 · 이주운, 핵심 일반화학실험, 자유아카데미, 2011.

3) 김희준, 일반화학실험, 자유아카데미, 2010.

4) 화학교재연구회, 재미있는 일반화학실험, 사이플러스, 2010.

5) 박주옥, 화공기초실험, 휴먼싸이언스, 2012.

6) 주정희, 무기화학실험, 자유아카데미, 2014.

제 2 장

실험 노트 작성법

실험 결과가 아무리 좋더라도 기록(데이터 정리)이 잘 되어 있지 않으면 남들이 알아볼 수 없을 뿐만 아니라 보관해 두었다 하더라도 활용하기 어렵게 된다. 보고서는 그 결과가 과장되어서 안 되며, 있는 그대로를 간단하면서도 명료하게 기록하여 본인이나 다른 사람이 응용하는 데 도움이 되어야 한다. 간단명료하게 기록하는 방법으로 문자나 숫자로 서술식으로 쓰기도 하지만 그림이나 도표를 이용하면 많은 설명을 생략할 수 있다. 바꾸어 말하면 그림이나 도표를 사용해 놓고 길게 설명하는 것은 잘못이며, 오히려 긴 설명으로 중요한 요점이 흐려지는 수가 있다. 그리고 그림이나 도표에 나타낸 데이터는 많은 실험으로 얻은 값의 평균으로 재현성이 있어야 하며, 어떤 경향성을 나타내는 결과가 바람직하다.

실험 보고서는 그 쓰는 방법이 연구 논문과는 달라서 실험에 쓰인 전부를 상세히 기록해 두는 것이 좋다. 보고서 작성법은 여러 가지가 있겠으나, 이 교재에서는 다음 보기와 같은 순서와 방법으로 한다.

1. 예비 보고서

1) 실험 제목

실험 제목은 대개 실험을 착수하기 전에 미리 주어지지만, 일반적으로는 전체의 실험 내용을 나타낼 수 있고 실험 목적에 부합되어야 하며, 문장은 간결하게 하는 것이 좋다.

2)실험 목적

이 실험을 왜 해야 하며 이 실험 결과는 어디에 도움을 주고 또 어디에 응용할 수 있는 것인지 등의 필요성과 중요성을 조사하여 명확하게 기록하여야 한다.

3) 실험 이론

실험의 방법을 제시한 문헌에 따라 실험을 수행할 경우에는 그 문헌을 기록하고 필요에 따라 실험 내용의 요점이나 그림 등을 병기해 두는 것이 좋다. 또한 실험의 원리나 관련된 이론 또는 화학방정식 등을 기록해 두는 것이 바람직하다.

4) 실험 방법

① 사용한 재료

실험에 사용한 원료나 약품 등을 그 중요도에 따라 차례대로 적고 필요에 따라 제조회사, 화학조성, 품질 등급 및 특성 등을 기록한다. 이 경우 주어진 데이터를 인용할 경우에는 그 출처를 밝혀야 한다.

② 사용 기기 및 설비

실험에 사용한 주요 기기나 설비의 성능, 제조회사, 특징, 사용 조건 등을 기록한다.

2. 결과 보고서

1) 실험 결과 및 고찰

① 결과

실험을 진행하는 동안 얻은 결과들을 정리하여 도표나 그림으로 제시하고 중요한 부분을 간단히 설명한다. 위 실험의 결과를 무리 없이 해석해야 한다. 이미 다른 실험자의 유사한 결과가 있거나 알려진 이론이 있으면 이와 서로 비교하거나 자신의 실험 결과의 신뢰성을 높이기 위하여 이를 이용하여 보완해도 좋다.

② 원인 분석

실험을 실패한 경우 또는 엉뚱한 결론을 얻는 경우에는 그 원인을 분석한다.

2) 결론

실험을 통하여 얻은 중요한 실험 결과를 간단 명료하게 기록한다. 그리고 실험 목적에 잘 부합되는지 또한 예기치 않았던 엉뚱한 결론은 없었는지 등을 기록한다. 그리고 실험이 미진하여 충분한 결과를 얻지 못하여 앞으로 실험이 더 필요한 경우, 그 내용을 기록해 둔다.

3) 참고 문헌

실험 진행, 실험 목적, 결과의 해석 등에서 남의 논문이나 책 또는 국가 규격 등을 인용한 경우 그것을 차례대로 원문에는 각주로 쓰고 참고 문헌에는 저자, 논문 제목명, 발표지(책)명, 쪽수, 호수, 연도 등을 차례로 기록한다.

예비 보고서 예시

실험 제목	결정구조 7가지와 흑연, 다이아몬드의 구조
실험 목적	금속의 결정구조에는 크게 단순입방구조, 체심입방구조, 면심입방구조, 조밀육방격자로 나뉜다. 이하의 실험에서는 모형 제작을 통해 결정구조에 대한 이해를 돕고자 한다.
실험 이론	단순입방구조(Simple Cubic)는 입방 단위정의 8개 모서리에 원자가 위치한 구조를 가진다. 각 모서리에 각 1/8개씩 위치하여 1개의 원자가 들어간다. 배위수는 6이며, 충진율은 52%이다. 구를 정사각형으로 배열하고 그 구 바로 위에 다시 구를 똑같은 형태로 쌓은 모양의 구조이다. 자연계에서 이런 불안정한 단순입방구조는 거의 존재하지 않는다. · 단위 셀당 원자 수 : $4\times\frac{1}{4}-1$ · 한 구의 부피 : $\frac{4}{3}\times\pi r^3=\frac{4}{3}\pi\left(\frac{a}{2}\right)^3=\frac{\pi}{6}\times a^3$ · 단위 셀의 부피 : a^3 · 충진율 : $\frac{1\times\frac{\pi}{6}\times a^3}{a^3}\times 100=52\%$ 체심입방구조(Body-centered Cubic)는 입방 단위정의 8개 모서리와 입방의 중심에 하나의 원자가 위치한 구조를 가진다. 꼭짓점에 1개의 원자와 중심에 1개의 원자가 있어 합 2개가 들어간다. 최대각선상에 존재하는 3개의 원자가 서로 접촉하고 있으므로 이 최대각선의 길이가 원자 지름의 2배가 된다. 따라서 체심입방체의 2배가 되므로 원자반경은 $\sqrt{3}/4\times a$가 된다. 또한 체심입방격자의 중심에 있는 원자를 생각할 때 최근접 원자는 격자의 각 꼭짓점에 있는 원자들이 되며, 배위수는 8이 된다. 충진율은 68%이다. 용융점이 높으며 단단한 성질을 가진다. · 단위 셀당 원자수 : $4\times\frac{1}{4}+1=2$ · 한 구의 부피 : $\frac{4}{3}\times\pi r^3=\frac{4}{3}\pi\left(\frac{\sqrt{3}a}{4}\right)^3=\frac{\sqrt{3}\pi}{16}\times a^3$ · 단위 셀의 부피 : a^3 · 충진율 : $\frac{2\times\frac{\sqrt{3}\pi}{16}a^3}{a^3}\times 100=68\%$
실험 방법	- 흑연, 다이아몬드 구조 만들기 1. 흑연과 다이아몬드 구조를 만들 재료를 준비한다. 2. 흑연은 SP^2 결합 구조를 가지게 끔 만들고 다이아몬드는 SP^3 결합 구조를 가지게 만든다.

결과 보고서 예시

<table>
<tr><td>실험 결과</td><td>1. 흑연의 구조

2. 다이아몬드의 구조
</td></tr>
<tr><td>실험 결론 및 고찰</td><td>흑연의 구조는 단순한 육각형 구조이기 때문에 제작하는 데 크게 어려움이 없었다. 하지만 다이아몬드 구조는 연속적으로 결합되어 있는 구조이기 때문에 제작하는 데에 어려움이 있었다. Trans 구조로 한 쪽은 위로 올리고 한 쪽은 아래로 내려 제작하는데 생각대로 움직이지 않아 어려움을 많이 겪었다......</td></tr>
<tr><td>참고 문헌</td><td>M.W Barsoum, Fundamentals of Ceramics, Taylor and Francis, 2003.</td></tr>
</table>

▷ 참고 문헌 ◁

1) 한국요업학회교육위원회, 세라믹 실험, 반도출판사, 1998.

제 3 장

재료 공학 기초
(1) 결정구조

1. 결정구조

어떤 물질을 구성하고 있는 원자가 규칙적으로 정확하게 배열하고 있는 경우에 그 물질은 결정 조직(Crystalline structure)을 갖는다고 한다. 많은 광물은 결정 조직을 갖고, 그 원자의 규칙적인 배열이 외형에 나타내고 있는 경우가 많다. 수정 방해석 등의 결정이 그 예이다. 금속은 결정 조직이지만, 광물과 같은 규칙이 정확한 외형은 보이지 않는 경우가 많다. 금속의 결정구조에는 크게 단순 입방 구조, 체심 입방 구조, 조밀 육방 격자로 나뉜다.

2. 결정구조의 종류

1) 단순 입방 구조(Simple cubic)

입방 단위정의 8개 모서리에 원자가 위치한 구조를 가진다. 각 모서리에 1/8개씩 위치하여 1개의 원자가 들어간다. 배위수는 6이며, 충진율은 52%이다. 구를 정사각형으로 배열하고 그 구 바로 위에 다시 구를 똑같은 형태로 쌓은 모양의 구조이다. 자연계에서 이런 불안정한 단순 입방 구조는 거의 존재하지 않는다.

단위 셀당 원자 수 : $4\times\frac{1}{4}=1$

한 구의 부피 : $\frac{4}{3}\pi r^3=\frac{4}{3}\pi\left(\frac{a}{2}\right)^3=\frac{\pi}{6}a^3$

단위 셀의 부피 : a^3

충진율 : $\frac{1\times\frac{\pi}{6}a^3}{a^3}\times 100\%=52\%$

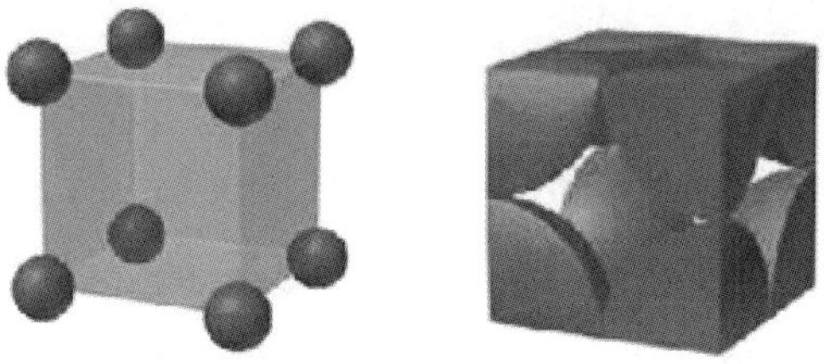

그림 3-1 단순 입방 구조

2) 체심 입방 구조(Body-centered cubic)

입방 단위정의 8개 모서리와 입방의 중심에 하나의 원자가 위치한 구조를 가진다. 꼭짓점에 1개의 원자와 중심의 1개의 원자가 있어 합 2개가 들어간다. 최대각선상에 존재하는 3개의 원자가 서로 접촉하고 있으므로 이 최대각선의 길이가 원자 지름의 2배가 된다. 따라서 체심 입방체의 2배가 되므로 원자반경은 $\sqrt{3}a/4$가 된다. 또한 체심 입방 격자의 중심에 있는 원자를 생각할 때 최근접 원자는 격자의 각 꼭짓점에 있는 원자들이 되며, 배위수는 8이 된다. 충진율은 68%이다. 용융점이 높으며 단단한 성질을 가진다.

단위 셀당 원자 수 : $4\times\frac{1}{4}+1=2$

한 구의 부피 : $\frac{4}{3}\pi r^3=\frac{4}{3}\pi\left(\frac{\sqrt{3}\,a}{4}\right)^3=\frac{\sqrt{3}\,\pi}{16}a^3$

단위 셀의 부피 : a^3

충진율 : $\dfrac{2\times\frac{\sqrt{3}\,\pi}{16}a^3}{a^3}\times 100\%=68\%$

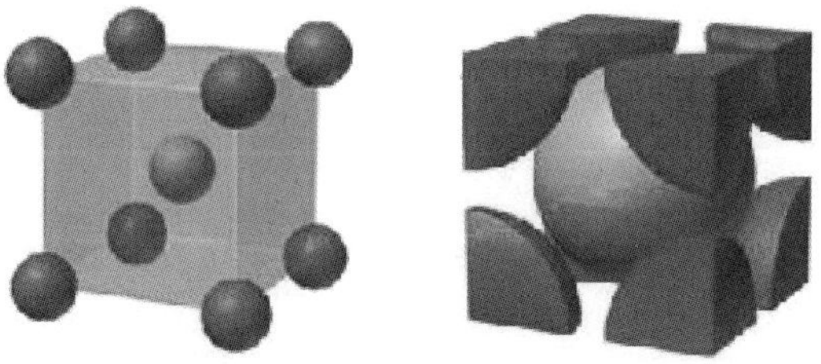

그림 3-2 체심 입방 구조

3) 면심 입방 구조(Face-centered cubic)

입방 단위정의 8개의 모서리와 면의 중심에 원자가 위치한 구조를 가진다. 꼭짓점에 1개의 원자와 모서리 중심의 3개의 원자가 있어 합 4개가 들어간다. 면대각선상에 3개의 원자가 서로 접하고 있으므로 원자의 지름(근접원자간 거리)은 단위격자의 면대각선 길이의 1/2이 된다. 따라서 격자 상수를 a라고 하면 원자의 반경은 $\sqrt{2}a/4$가 된다. 면의 중심에 있는 원자를 생각할 때 최근접 원자는 각 꼭짓점 및 사방의 면에 있는 원자들이 되므로 배위수는 12가 된다. 충진율은 74%이다. 전연성이 커서 가공성이 좋은 성질을 가진다.

단위 셀당 원자 수 : $4\times\frac{1}{4}+6\times\frac{1}{2}=4$

한 구의 부피 : $\frac{4}{3}\pi r^3=\frac{4}{3}\pi\left(\frac{\sqrt{2}\,a}{4}\right)^3=\frac{\sqrt{2}\,\pi}{24}a^3$

단위 셀의 부피 : a^3

충진율 : $\frac{4\times\frac{\sqrt{2}\,\pi}{24}a^3}{a^3}\times 100\%=74\%$

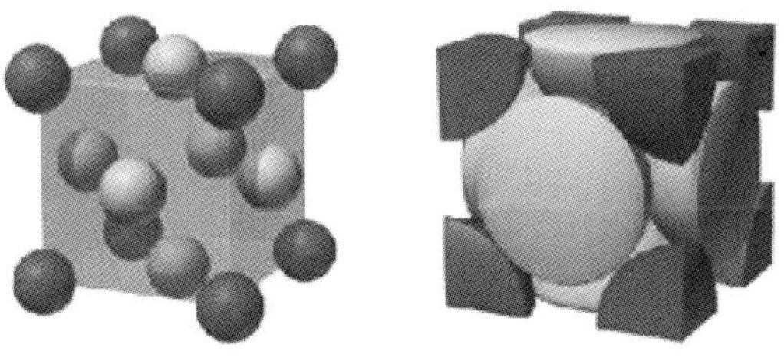

그림 3-3 면심 입방 구조

4) 조밀 육방 격자(Hexagonal closed packed)

육각기둥 상하면의 각 꼭짓점 및 중심에 1개씩의 원자가 있고, 육각기둥을 이루고 있는 6개의 삼각기둥 중 하나의 기둥씩 걸러서 삼각기둥의 중심에 1개씩의 원자가 배열된 구조이다. 배위수는 12이며, 충진율은 74 %이다. 취약하며 전연성이 작은 성질을 가진다. 조밀 육방 격자의 격자상수로는 정육각형의 한 변의 길이를 a로, 육각 기둥의 높이를 c로 나타낸다. 이들 사이는 기하학적으로 식 $c = \sqrt{\frac{8}{3}a}$의 관계를 갖는다. 원자 충진율을 구하기 위해서는 육각기둥의 단위격자보다도 사각기둥을 최소단위로 생각하면 훨씬 편하게 된다. 이 최소 단위의 격자에서는 단위격자내의 전체 원자수는 내부에 있는 1개와 꼭짓점에 있는 원자 1개로 총 2개의 원자가 속하고 있다.

$$\text{충진율} : \frac{\frac{4}{3}\pi\left(\frac{a}{2}\right)^2 \times 2}{2\times\frac{1}{2}a^2\times\sin 60\times c}\times 100 = \frac{\frac{4}{2}\pi\left(\frac{a}{2}\right)^2\times 2}{2\times\frac{1}{2}a^2\sin 60\times\sqrt{\frac{8}{3}a}}\times 100\% = 74\%$$

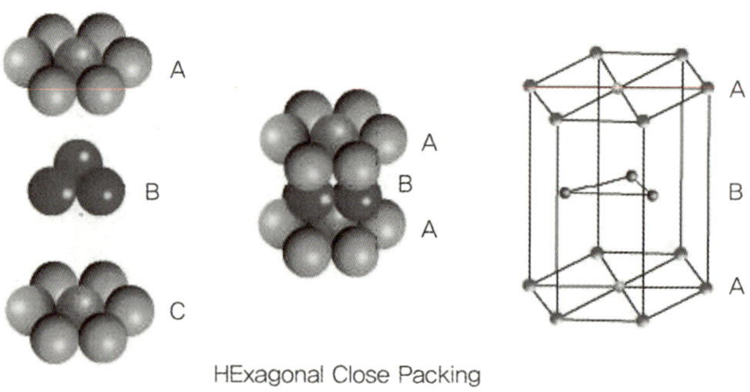

그림 3-4 조밀 육방 구조

3. 동질 이상

한 개의 물질이 결정구조가 다른 두 개 이상의 형태로 존재할 수 있을 때 그 물질을 동질 이상이라고 한다.

1) 흑연

탄소 한 원자 옆에 3개의 다른 탄소와 6각형 모양으로 결합해 있고, 층층이 쌓여져 있다. 육각 판상구조로 x축과 y축으로는 아주 조밀하게 결합하고 있지만 z축으로는 멀리 떨어져 있기 때문에 각 층들은 매우 약하게 결합하고 있다. 흑연의 구조는 육각 고리로 이루어진 층 내에서 sp^2의 공유 결합을 가지며, 층과 층 사이에는 약한 반데르발스 결합을 갖는다. 이런 결합 때문에, 흑연이 판상으로 잘 쪼개어지는 성질이 나타난다.

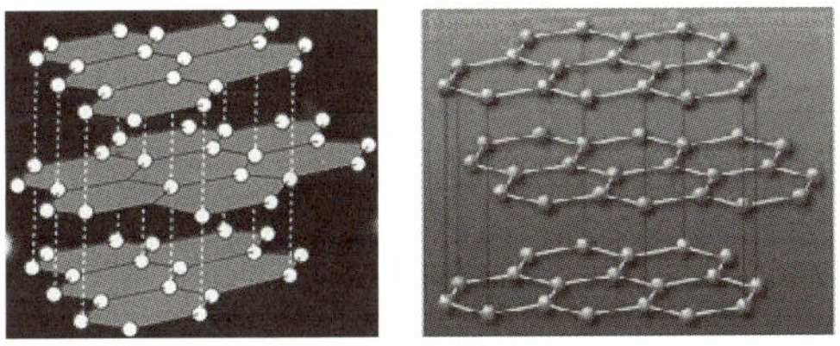

그림 3-5 흑연 구조

2) 다이아몬드

탄소 원자가 정사면체의 각 정점에 배열되어 있으며 그것이 연속적으로 결합한 구조를 이루고 있다. 이 구조는 연결이 잘 되어 있어서 매우 단단하다. 다이아몬드 구조는 sp^3 의 혼성 공유 결합에 의한 방향성을 갖는 결합으로 이루어져 있으며 사면체 배위를 갖는다. 탄소 원자가 입방 밀집을 이루고 있는 구조의 사면체 자리의 반을 다른 탄소 원자가 다시 채우고 있는 구조로써 사면체 자리를 채우고 있는 탄소들도 자기들끼리 역시 입방 면심 격자를 이룬다.

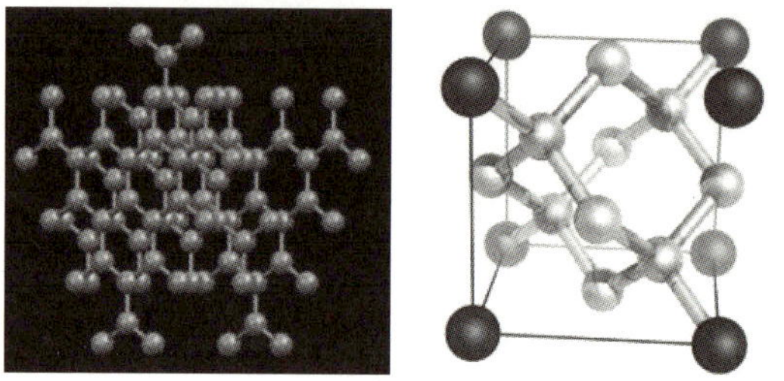

그림 3-6 다이아몬드 구조

4. 실험 목적

1) 결정구조의 종류 및 정의를 이해한다.
2) 결정구조의 원자 충진율과 각 격자 내 원자수를 이해한다.
3) 동질 이상의 개념을 이해한다.
4) 한 사례로 탄소의 동질 이상 즉, 흑연과 다이아몬드구조의 차이를 이해한다.

5. 실험 원리

고체 재료는 원자나 이온 간의 배열의 규칙성에 따라 구분될 수 있다. 결정질 재료는 응고에 의해 원자들이 규칙적인 3차원적 패턴을 형성하며 위치하게 되고, 원자는 최인접 원자와 결합하게 된다. 결정질 고체의 여러 성질은 재료 내의 원자, 이온, 분자의 배열 방식, 즉 결정구조에 의해 결정된다. 결정구조를 설명할 때 원자를 일정한 지름을 갖는 딱딱한 구로 생각할 수 있다. 이런 개념은 원자구 모델(Atomic hard sphere model)로 지칭되며, 원자를 나타내는 구가 최인접 원자와 서로 접하고 있다고 생각한다. 흔히 결정구조에서 격자라는 용어가 사용되는데, 여기서 격자는 원자의 위치인 즉, 구의 중앙에 해당되는 점을 3차원적으로 배열한 것을 말한다.

6. 시약 및 기구

- 스티로폼 구
- 목공용 풀
- 교본 모형
- 나무 막대
- 가위

7. 실험 과정

1) BCC, FCC, HCP 구조

① 스티로폼 구와 나무 막대로 BCC구조를 만든다.

② 스티로폼 구와 나무 막대로 FCC구조를 만든다.

③ 스티로폼 구와 나무 막대로 HCP구조를 만든다.

④ 제작 모형의 배위수를 확인한다.

⑤ Tetrahedral sites, Octahedral sites를 찾는다.

2) 흑연과 다이아몬드 구조

① 준비된 교본 모형으로 흑연을 만든다.

② 준비된 교본 모형으로 다이아몬드를 만든다.

③ 흑연과 다이아몬드의 결합수를 확인한다.

8. 결과

1) BCC, FCC, HCP 구조

BCC 모형의 사진을 삽입하시오.	FCC 모형의 사진을 삽입하시오.	HCP 모형의 사진을 삽입하시오.

구조	BCC	FCC	HCP
배위수			
Tetrahedral sites			
Octahedral sites			

2) 흑연과 다이아몬드 구조

흑연 모형의 사진을 삽입하시오.	다이아몬드 모형의 사진을 삽입하시오.

구조	흑연	다이아몬드
결합수		

9. 토론

- 각 결정구조의 종류 및 형태, 배위수 및 Tetrahedral, Octahedral sites에 따른 격자간 배열의 차이의 원인에 대해 토론하시오.
- 흑연과 다이아몬드의 결합 종류 및 결합 수에 따른 결합력 차이의 원인에 대해 토론하시오.
- FCC, HCP에서 특정 방향의 Closed Packing Plane을 찾아보고, 그 차이를 토론하시오.

▷ 참고 문헌 ◁

1) 박정덕, 기초공학및재료응용, 선학출판사, 2002.

2) Wiliam D. Callister, Jr, 재료과학과 공학, 시그마프레스, 2008.

제 4 장

재료 공학 기초 (2) 충진율

1. 분체 입자

고체 입자가 다수 집합한 상태에 있는 물체로 그것을 형성하는 입자의 크기에 따라 나뉘어진다. 즉 0.1 μm 이하를 콜로이드, 0.1～1 μm을 미분, 1～100 μm을 보통 분체 0.1～1 mm를 조분, 1 mm 이상을 입체로 대별한다. 일반적으로 분체로 취급되는 것은 미분에서 조분에 이르는 것, 즉 0.1 μm~1 mm의 입자 지름을 가진 고체 물질의 집합체로, 밀가루, 분말상 알루미나(산화알루미늄), 검댕 등이 그 예가 된다. 분체를 성형한 집합체의 조직은 소결의 과정이나 제품의 물성에 큰 영향을 준다. 세라믹스는 일반적으로 조직이 균일하여 기공률이 작은 제품이 요구되는 경우가 많다. 세라믹스의 원료 분말의 입자가 구상인 것은 거의 없지만, 입경이 다른 구형의 입자를 혼합해서 얻어지는 입자의 충진 상태를 관찰하는 것은 실제의 세라믹스 원료 분말의 충진을 고찰할 때에 유익하다.

2. 실험 목적

1) 분체 입자의 개념을 이해한다.
2) 직경이 다른 2종류의 구형 유리 입자를 이용해서 충진 밀도를 이해한다.

3. 실험 원리

원자 충진율이란 원자는 둥글기 때문에 꽉 채울 수 없는데, 이때 원자가 채운 부분을 구하기 위한 값이다. 원자가 차지한 부피를 전체 부피로 나누어 구하며, 이는 원자로 채워진 공간에서 원자가 차지는 공간의 분율이다. 대부분의 금속 원소를 응고할 때 결정화되어 3가지의 조밀한 결정구조로 충진되는데, 체심입방격자, 면심입방격자, 조밀육방격자가 그것이다. 원자 충진율은 이와 같이 조밀한 원자 결정구조의 충진율을 구할 때 이용된다. 값은 단위격자 내의 원자의 부피를 단위격자의 부피로 나누어 백분율로 표시한다. 육면체의 구석과 중심에 격자점이 존재하는 공간 격자인 체심입방격자의 예를 들면, BCC 의 단위격자 내의 원자 부피는 원자가 2개, 반지름이 R이므로, $2\times4/3\pi R^3 = 8.373R^3$이다. 단위격자의 부피는 격자 상수를 a라고 할 때 $a^3=(4R/\sqrt{3})^3=12.32R^3$이 된다. 원자 충진율은 $8.373R^3/12.32R^3=0.68$이다. 이를 백분율로 표시하면 $0.68\times100=68\%$가 된다. 마찬가지로 면심입방격자와 조밀육방격자의 원자 충진율을 계산하면 74% 정도이다. 이 74%는 구형 원자가 가질 수 있는 원자 충진율 가운데 가장 큰 값이다.

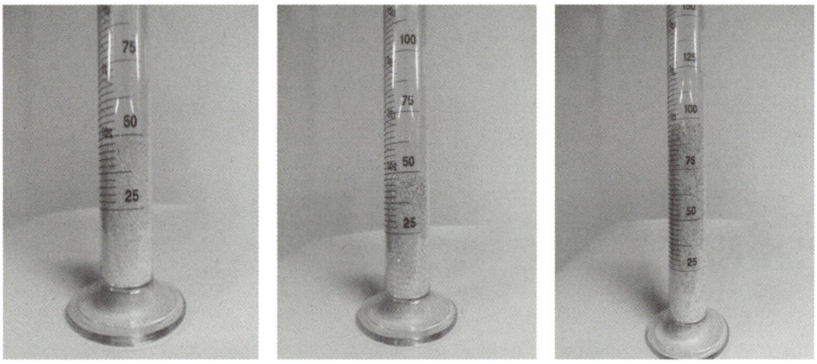

(a) (b) (c)

그림 4-1 메스실린더에 大, 小 구슬을 넣은 모습

(a) 大 구슬 50 ml (b) 小 구슬 50 ml (c) 大 50 ml + 小 50 ml 〈 100 ml

4. 시약 및 기구

- 大, 小 2종류의 유리구슬
- 메스실린더 250 ml
- 전자 저울

5. 실험 과정

표 4-1 大, 小 구슬의 특성

	질량	직경	1개 부피	밀도
小 구슬	0.012 g	1.96 mm	0.004 cm^3	3.07 g/cm^3
大 구슬	0.035 g	2.92 mm	0.013 cm^3	2.74 g/cm^3

① 大, 小 2종류의 유리구슬을 50 ml씩 평량한다.

② 250 ml의 메스실린더에 넣어서 수회 tapping한다.

③ 용량이 변하지 않게 되면 용량을 측정하여 충진율을 계산한다.

④ 위의 표에 나온 데이터로 부피 밀도 및 충진율을 구한다.(大, 小 유리구슬 간 반경비는 $\gamma_\alpha/\gamma_\beta$ = 0.68이므로 Octahedral site 즉, FCC 구조를 이루고 있으므로, 이론상 1:1의 비율이 최적 충진율을 가져야 한다.)

6. 결과

- 한 종류의 원자로부터 이루어지는 결정구조, BCC 및 다이아몬드 구조에 관해서 이론 충진 밀도와 원자의 배위수를 이해한다.
- 충진율에 따른 결합력의 관계를 이해한다.

7. 토론

- 구슬간의 반경비로 Octahedral 관계를 이론적으로 확인하였는데, 그 이유를 토론하시오.
- 2성분계의 구 packing에 대해서 검토하고 실험 결과와 비교 및 고찰한시오.

▷ 참고 문헌 ◁

1) 일본세라믹스협회, 세라믹재료의 기초와 응용, 한국재료학회, 2003.

2) 김복희 · 신현택 · 한상목, 무기재료실험, 반도출판사, 1995.

3) http://www.doopedia.co.kr/doopedia/

제 5 장

재료의 합성 (1) 소결체 제작

1. 성형과 소결

세라믹 분말 재료를 특정의 크기, 모양 및 표면, 그리고 밀도와 미세 구조를 가진 성형체로 만드는 공정을 성형이라고 하며, 고체 입자의 집합체인 성형체가 융점 이하의 온도에서 가열에 의해 보다 치밀하고 강도가 큰 다결정체로 되는 현상을 소결이라고 한다. 이때, 소결을 통해 제작된 다결정체를 소결체라고 한다.

2. 가압성형의 방법 및 종류

가압성형은 형틀에 분체 원료를 충전시키고 압력을 가하여 성형체를 얻는 방법이며, 압축성형이라고도 부른다. 가압성형법은 금형을 사용해서 강제적으로 분체 원료를 성형하기 때문에 주입성형법 등과 비교하면 제품의 형태가 다소 간단한 것으로 한정되지만 기계 부품 등 복잡한 것도 성형이 가능하며, 제품의 치수 역시 정확도가 높은 것을 만들 수 있다. 또한, 양산형 성형법이며, 내화물, 연마지석, 타일, 절삭공구, 전자 부품, 자성 재료 등의 여러 분야 부품의 성형에 이용되고 있다. 그러나 완전히 균일한 제품을 얻기가 어렵고 밀도의 불균일, 강도의 편차 등도 일어나기 쉽다.

가압성형법은 조건에 따라 건식, 습식, 단식, 복식 등으로 나뉜다. 보통 건식 압축성형은 단단한 금형과 펀치를 사용하여 1축 가압하여 성형하는 방법을 의미하며, 주로 두께가 0.5 mm 이상인 부품과 압축 방향으로 표면 요철을 가진 부품을 성형하는 데 사용된다. 건식 압축성형은 틀 충전, 가압과 성형, 그리고 방출 등의 단계에 의해 행해진다. 자유롭게 유동하는 과립들은 자동 공급 장치에 의해서 계량되어 틀에 충전되고, 비유동성 재료는 칭량 후 기계적 유동에 의하여 충전된다.

습식 성형법은 유연한 고무형틀 안에서 정수압으로 압축성형하는 방법을 말하며 정수압 압축성형법 또는 등압축성형법이라고도 한다. 습식 성형법은 2차원 또는 3차원의 요철을 가진 형태, 막대와 관 같이 한 방향으로 긴 치수를 가진 형태, 그리고 단면적이 넓은 대형 제품을 성형하는 데 사용된다.

단식 압축성형은 틀이 고정되어 있고, 상부 또는 하부 펀치 중 한쪽은 고정되고, 다른 한쪽의 운동에 의해 압력을 가하는 형태로, 두께가 5 mm 이하로 그다지 두껍지 않고 표면 요철이 없는 단순한 형상을 성형할 때 사용된다. 반면에 복식 압축성형은 단식과 마찬가지로 틀은 고정되어 있지만, 상부 및 하부 펀치 모두를 이용해서 압력을 가하는 형태로, 두께가 5 mm 이상으로 두껍거나 표면 요철이 있는 약간 복잡한 형상을 성형할 때 사용된다. 마지막으로 유동틀에 의한 압축성형은 하부 펀치만 고정되어 있고, 틀과 상부 펀치의 운동에 의해 압력을 가하는 형태로, 단식 또는 복식 압축에 비해 전달되는 압력은 약하지만 연속적인 성형이 가능하다는 장점이 있다. 성형틀과 펀치는 주로 경화된 강으로 제작되며, 마모가 큰 부분은 특수강과 탄화물 또는 비활성 세라믹 삽입체가 사용되기도 한다.

3. 소결

소결은 세라믹스 제조에 있어서 가장 중요한 속도 과정이다. 소결 현상의 제어가 세라믹스의 성능을 결정한다고 표현해도 과언은 아니다. 간단한 모델에 의한 소결 이론은 대단히 발전되어 왔으나, 소결 현상은 대단히 많은 분체의 변수에 영향을 받기 때문에 해석이 곤란하여, 소결 이론을 실제적인 소결 현상에 응용하기엔 많은 어려움이 따른다. 따라서 소결의 기초 이론을 습득한다는 것은 세라믹스의 소결이 어떤 방향으로 진행할 것인가에 대한 기본적인 사고력을 증진시키는 면에서 대단히 중요하다.

4. 실험의 목적

1) 가압성형의 원리를 이해하고 방법을 숙지한다.
2) 소결 과정 및 수송 기구의 역할을 이해한다.
3) TiO_2 분체를 이용해 pellet을 제작한다.
4) 소결 과정을 통해 TiO_2 소결체를 제작한다.

5. 실험의 원리

1) 성형

틀에 성형용 분말을 넣고 펀치 압력을 높이면 가압 밀도 역시 펀치 압력에 따라 변화한다(그림 5.1). 처음에는 펀치가 성형용 분말에 접촉함과 동시에 가해지는 낮은 압력에 의해 과립들이 미끄러지면서 약간의 재배열이 일어나는 단계로 약간의 치밀화가 발생한다. 다음으로 과립의 겉보기 항복 압력(Py)을 초과하는 압력이 가해져서, 이웃하는 틈새 방향으로 과립이 변형되기 시작한다. 그림에서 볼 수 있듯이, 과립의 변형에 의해서 비교적 큰 틈새의 부피와 크기가 감소하게 되고, 이 단계에서 주된 치밀화가 일어난다. 마지막으로 보다 높은 압력에 의해 입자들이 미끄러지면서 재배열하여 조금 더 치밀화가 일어난다.

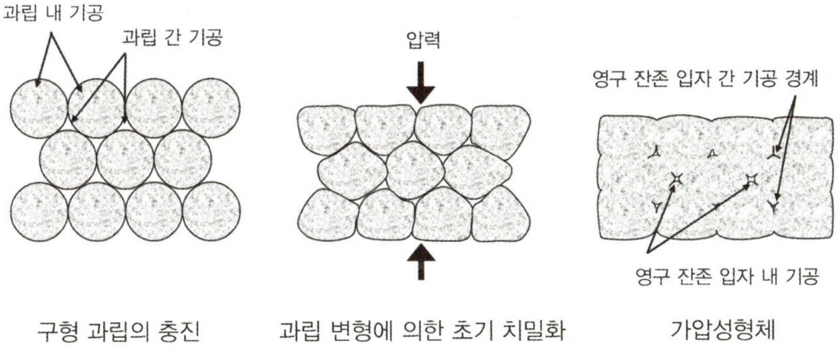

그림 5-1 가압 중 기공의 형상 및 크기 변화

2) 소결

고체 입자의 집합체에는 많은 기공이 내포되어 있다. 소결 과정에서 고체 입자가 접합하여 입자가 하나의 입자로써의 성질을 잃고 벌크의 다결정질체로 되기 때문에, 입자의 변형, 접합, 더 나아가 입자의 성장이 일어나는 것으로 생각할 수 있다. 한편, 이러한 변화에 의해서 최초 입자간에 존재하였던 기공은 형상의 변화와 함께 계의 외부로 배출되고, 그 결과 성형체의 밀도가 증가한다. 소결은 치밀화와 입성장으로 나누어 생각할 수 있으며, 이 2가지 현상은 독립해서 진행될 수도 있지만 대부분의 경우 동시에 발생한다.

분체 입자를 같은 크기인 구형의 충진물로 생각하면, 구와 구의 각각의 접촉점에서 접합이 일어나고, 구의 충진에 의해 발생한 기공이 변형 수축하며 소결이 진행하는 모델을 생각할 수 있다. 우선, 소결의 초기 단계의 모델로, 그림 5.2의(a)에 나타낸 상태는 안정하지 못하기 때문에 물질이동이 일어날 수 있는 온도에 도달하면 구와 구의 접촉점에서 접합이 일어나(b)와 같이 변화하는 것을 생각할 수 있다. 표면 에너지가 최소인 상태는(c)이지만 여러 가지 제약이 있어서 현실적으로는 실현 불가능하다. (a)에서 (b)로의 변화를 보면 구와 구의 접촉부에서 물질이 이동함을 알 수 있다. 여기에는 크게 4가지의 수송 기구를 생각할 수 있다.

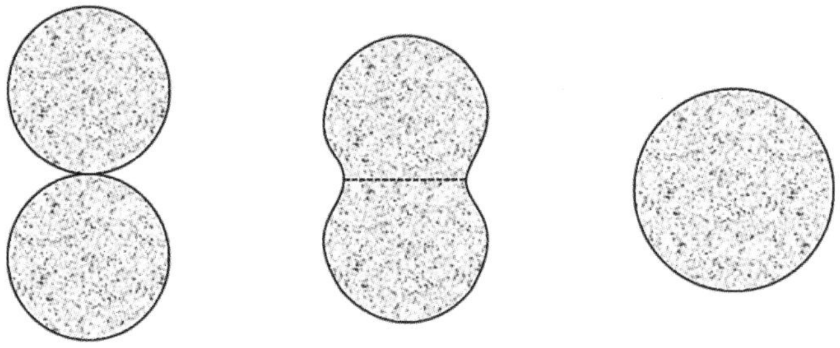

(a) 소결 초기 단계　　(b) 접합 단계　　(c) 이상적인 소결 모델

그림 5-2 소결의 진행

(가) 증발-응축 기구

돌출부의 증기압이 높기 때문에 공간을 통해서 돌출부로부터 오목한 부분으로 물질이 이동하여 오목한 부분을 메운다. 이 경우의 구동력은 돌출부와 오목한 부분의 증기압의 차이가 된다.

(나) 유동 기구

돌출부에는 구가 내부로 향하는 힘이, 오목한 부분에서는 물질 쪽에서부터 외부로 향하는 힘이 작용하기 때문에 점도가 충분히 작은 조건, 즉 유리와 같은 비정질 물질에서 응력을 완화하는 것처럼 점성 유동이 일어난다. 즉, 오목한 부분에 물질이 공급된다. 결정성 고체에 있어서는 소성 유동이 일어난다. 이 유동에 의한 물질이동의 구동력은 응력 구배가 된다.

(다) 확산 기구

오목한 부분에서는 공공의 농도가 높기 때문에 기공의 농도 구배의 역방향으로 확산에 의한 물질이동이 일어난다. 기공은 돌출면이나 입계 또는 전위에 흡수된다. 기공이 흡수되는 방법과 이동 경로에 의해서 접합부 및 계의 기하학적 형상이 변화한다. 오목한 부분의 높은 공공 농도가 확산의 구동력이 된다.

(라) 용해 및 석출 기구

계 주위에 용해된 액상이 존재하는 경우에는 오목한 부분과 돌출부의 용해도 차이로 인해 액상을 통해 돌출부에서 오목한 부분으로 물질이 이동한다. 입자가 서로 접촉하지 않은 상태로 액상 중에 분산되어 있을 때는 작은 입자가 용해해서 소멸하며 큰 입자가 성장한다.

6. 시약 및 기구

- TiO_2 분체(Degussa P25)
- PVP(Polyvinylpyrrolidone)
- 비커
- 시약 스푼
- 유산지
- 몰드
- 전기로
- Ethanol
- 전자저울
- 매스실린더
- 오븐
- 유발
- 유압프레스
- 버니어캘리퍼스

7. 실험 과정

① TiO_2 시편 한 개당 필요한 분말의 중량(g)을 미리 계산하여 3개의 pellet 시편이 되도록 분말을 칭량한다.

② 결합제(PVP : Polyvinylpyrrolidone) 0.5 wt.%를 에탄올에 용해시킨다.

③ ②에서 제작된 용액과 TiO_2 분말을 유발에서 섞어 건조시킨다. (100℃ 오븐에서 1시간 건조)

④ 40×10×10 mm의 몰드에 TiO_2 분말을 주입한 후 가압성형기로 2,000 kg의 하중으로 성형한다.

⑤ 버니어캘리퍼스를 이용해 시편의 길이를 측정한다.

⑥ TiO_2 시편을 승온 속도 10℃/min으로 600℃에서 2시간 유지하여 결합제를 제거한다.

⑦ 전기로에서 승온 속도 10℃/min으로 1,100℃, 1,300℃, 1,500℃에서 2시간 유지한다.

⑧ 소성 후 TiO_2 시편의 표면을 polishing하여 고르게 한다.

⑨ Polishing된 TiO_2 시편의 길이를 측정하여 소성 수축률을 구한다.

8. 결과

	길이 [mm]		부피 [mm^3]	소성수축률 [%]
소결 전 시편	가로			
	세로			
	높이			
소결 후 시편	가로			
	세로			
	높이			

9. 토론

- 소결 후 시편의 부피가 줄어드는 원인에 대해 토론하시오.
- 소성 수축률이 의미하는 것이 무엇인지에 대해 토론하시오.

▷ 참고 문헌 ◁

1) http://en.wikipedia.org

2) James S. Reed, Principles of Ceramics Processing, John Wiley & Sons Ltd., 1995.

3) 배철훈 · 이홍림, 세라믹 제조공정, 아이티씨, 2003.

4) Randall M. German, 소결의 이론 및 실제, 다성출판사, 2000.

제 6 장

재료의 합성
(2) 소결체 평가

1. 아르키메데스 원리

아르키메데스 원리는 어떤 고체를 액체 속에 집어넣으면 그 고체의 무게는 제거된 액체의 무게만큼 가벼워진다는 것이다. 어떤 고체를 물속에 넣어 넘친 물의 양을 측정하면 그 물체의 부피를 알 수 있다. 넘친 물의 무게와 부피가 같은 크기(밀도 = 1 g/cm^3)이므로 단위만 바꿔주면 그 물체의 부피로 삼을 수 있다. 이제 물체의 무게를 그 부피로 나누면 물체의 밀도를 구할 수 있다.

2. 실험의 목적

1) 아르키메데스 법(액중 칭량법)의 원리를 이해한다.
2) 아르키메데스 법을 이용하여 복잡한 형태의 소결 시편의 흡수율, 비중 및 겉보기 기공률을 측정한다.

3. 실험의 원리

비중을 구하고자 하는 시료의 부피가 $V_1(cm^3)$이고 모양이 불규칙하며, 실제 밀도는 물보다 큰 2 g/cm^3라고 가정하자. 만약 이 시료의 질량이 m(g)이라 한다면 밀도는 $m/V_1(g/cm^3)$이다. 하지만 부피를 직접 정확히 측정할 수 없는 상황이다. 그러나 이 시료를 물 속에 넣어서 그 때의 무게를 측정하여 간접적으로 구하는 방법이 있다. 물 속에서의 무게는 기공과 물의 부력으로 인해 대기 중보다 분명히 가볍게 측정될 것이다.

이제 공기의 밀도는 0, 물의 밀도는 1 g/cm^3라고 가정하고, 물 속에서 부피가 $V_1(cm^3)$인 물의 무게를 측정한다고 생각하자. 주위 환경과 밀도가 같으므로 그 위치에서 정지하게 되고 그래서 무게는 0 g이다.(대기 중에서라면 $V_1(g)$이 된다.) 그리고 이 부피 중의 일부분이 점차 고체 시료로 바뀌어져 2/3가 이 시료로 채워진다고 생각해보자. 부피 $V_1(cm^3)$은 변하지 않고 오직 무게만이 증가하여 가라앉을 것이다. 부피 $V_1(cm^3)$ 중 1/3은 현재 물로 채워진 개기공(Open pore)의 부피이고, 2/3가 고체 시료인 것이다.

이제 이 시료의 대기 중에서 건조된 무게를 $W_1(g)$, 개기공을 물로 채우기 위해 끓인 후 물속에서의 무게를 $W_2(g)$, 그리고 시료의 개기공을 물로 채운 상태에서 시료 표면의 물기만을 제거한 후 대기 중에서 측정한 무게를 $W_3(g)$, 개기공만의 부피를 $V_2(cm^3)$라 하자.

$$W_1 = \frac{(2-0)g}{cm^3} \times \frac{2}{3} V_1 cm^3 + \frac{(0-0)g}{cm^3} \times \frac{1}{3} V_1 cm^3 = \frac{4}{3} V_1 g$$

$$W_2 = \frac{(2-1)g}{cm^3} \times \frac{2}{3} V_1 cm^3 + \frac{(1-1)g}{cm^3} \times \frac{1}{3} V_1 cm^3 = \frac{2}{3} V_1 g$$

$$W_3 = \frac{(2-0)g}{cm^3} \times \frac{2}{3} V_1 cm^3 + \frac{(1-0)g}{cm^3} \times \frac{1}{3} V_1 cm^3 = \frac{5}{3} V_1 g$$

$$V_2 = \frac{1}{3} V_1$$

물의 밀도는 $\frac{W_3 - W_1}{V_2} = 1\ g/cm^3$이다. 따라서 $(W_3 - W_1) = V_2$이다. 따라서 기공률은 $\frac{V_2}{V_1} = \frac{W_3 - W_1}{W_3 - W_2}$이고, 시료의 흡수율은 대기 중에서의 시료의 무게에 대한 흡수된 물의 무게이므로 $\frac{W_3 - W_1}{W_1}$이다. 마지막으로 우리가 구하고자 하는 시료의 비중은 겉보기 비중으로서 $\frac{W_1}{V_1} = \frac{W_1}{W_3 - W_2}$가 된다. 만약 측정 시 사용된 물의 밀도가 정확히 1 g/cm^3라면 이 값은 고체 시료의 겉보기 밀도라 할 수 있다.

그림 6-1 아르키메데스의 원리

- 겉보기 기공률의 계산

  겉보기 기공률(%) P_0는 다음 식에 따라 계산한다.

$$P_0 = \frac{W_3 - W_1}{W_3 - W_2} \times 100\%$$

- 흡수율의 계산

  흡수율(%) A_W는 다음 식에 따라 계산한다.

$$A_W = \frac{W_3 - W_1}{W_1} \times 100\%$$

- 겉보기 비중의 계산

  겉보기 비중 D_b는 다음 식에 따라 계산한다.

$$D_b = \frac{W_1}{W_3 - W_2}$$

아르키메데스 법에서는 시료의 폐기공(Closed pore)의 부피를 알 수 없다. 따라서 진밀도 및 내부 기공률을 구할 수 없다.

4. 시약 및 기구

- TiO_2 시편
- 증류수
- 증발접시
- 온도계
- 천칭 및 밀도 측정용 시편 지지대
- 오븐
- 비커
- 트위저
- 부드러운 천 또는 Kimwipes

5. 실험 과정

① TiO_2 시편을 건조기에서 2시간 이상 건조하여 무게를 측정한다. → W_1(g)

② 건조한 TiO_2 시편을 증류수가 담긴 비커에 넣고 가열하여 시편 내의 공기가 모두 제거 되도록 2시간 이상 충분히 끓인다.(TiO_2 시편의 표면에 기포가 완전히 제거되었는지 확인)

③ 비커의 증류수를 상온으로 냉각시킨 뒤 포수 TiO_2 시료를 지름 1 mm 이하의 철사로 수중에 매단 채로 달아, 철사의 무게를 뺀 값을 포수 시료의 수중 무게로 측정한다(물의 온도 중요). → W_2(g)

④ TiO_2 시편을 꺼내어 약간 축축하고 부드러운 천이나 Kimwipes로 시편 표면의 물을 닦아 제거하고 무게를 측정한다(기공에 흡수되어 있는 물까지 제거되지 않도록 유의). → W_3(g)

6. 결과

1) 무게 측정

건조 시료 무게 W_1 [g]	수중 시료 무게 W_2 [g]	포수 시료 무게 W_3 [g]

2) 계산

겉보기 기공률 [%] $P_0 = \frac{W_3 - W_1}{W_3 - W_2} \times 100$	흡수율 [%] $Aw = \frac{W_3 - W_1}{W_1} \times 100$	겉보기 비중 $D_b = \frac{W_1}{W_3 - W_2}$

7. 토론

- 겉보기 기공률, 흡수율 및 겉보기 비중이 의미하는 것이 무엇인지에 대해 토론하라.
- 아르키메데스 법을 이용해 겉보기 기공률, 흡수율 및 겉보기 비중을 구하는 식을 도출하라.
- 기공률을 줄일 수 있는 방법에 대해 토론하라.

▷ 참고 문헌 ◁

1) http://diamond.kist.re.kr/cerapedia/theory/ywk002.html

2) R. Griffiths and C. Reaford, Calculations in Ceramics, Maclaren and Sons Ltd., 1965.

3) James S. Reed, Principles of Ceramics Processing, John Wiley θ Sons Ltd., 1995.

4) Randall M. German, 소결의 이론 및 실제, 다성출판사, 2000.

제 7 장

재료의 평가
(1) X-선 회절

1. X-선이란?

빛과 같이 직진하며 사진필름을 감광하고 불투명체를 쉽게 투과하는 성질을 갖는 전자기 방사선인 X-선은 1895년 뢴트겐에 의해 발견되었다. 10^{-1} cm 정도의 해상력에 국한되는 'Radiography' 뿐만 아니라 원자구조 수준의 Å (10^{-10} m) 정도의 물질의 내부 구조를 밝히는 데 이용될 수 있다. X-선은 고속의 전자가 무거운 원소의 원자에 충돌 시 발생한다. 가열된 음극의 필라멘트로부터 가속되어 나온 전자는 양극 표적을 향해 간다. 이때 전자의 종속도를 계산, 전기장에 의한 일과 대입하여 운동 에너지를 계산할 수 있다. 양극 표적으로는 Cr, Fe, Co, Ni, Cu, Mo, W 등이 사용된다. 전자가 표적에 부딪힐 때 표적 원자의 궤도 전자를 쫓아내거나 높은 준위로 들뜨게 함으로써 에너지를 잃는다. 이때 높은 궤도로부터 낮은 궤도로 전자가 떨어질 때 X-선이 방사되는데 궤도간의 에너지 차이에 따라 특정한 파장을 갖게 되며, 이를 특성 X-선이라 한다. X-선 회절 분석은 주로 이 특성 X-선을 이용하며, X-선 회절 분석의 특성으로는 시료에 대한 제한이 적고, 시료의 변형이나 파괴가 없이 분석이 가능하다. 또한 분말, 판상, 액체 및 박막 시료 모두 측정이 가능하며 표준물질의 데이터 파일과 대조하여 물질 구별이 가능하다.

2. X-선의 원리

1) X-선의 발생 원리

특성 X-선은 그림 7.1과 같이 전자가 타깃 원자의 K 각 전자를 여기 시킨 후 원자는 원래의 정상적인 에너지 상태로 환원하며 에너지 궤도의 차이에 해당하는 만큼의 에너지를 X-선의 형태로 방출하므로 일정한 파장을 갖게 된다. 이때 L 각으로부터 전자가 채워지면 K_α선이 M 각으로부터 전자가 채워지면 K_β선이 되며 K_α선의 강도가 K_β선보다 크기 때문에,

K의 빈자리가 L전자에 의해 채워질 확률이 M전자에 의해 채워질 확률보다 크기 때문이다. 또한 K_α선은 $K_{\alpha1}$와 $K_{\alpha2}$의 이중 선으로 구성되어 있다. 이는 L 각이 L_I, L_{II}, L_{III} 의 미세 에너지 준위를 가지고 있어 L_{III} 각에서 천이된 $K_{\alpha1}$선과 L_{II} 각에서 천이된 $K_{\alpha2}$선으로 구분되며 이들의 천이 확률은 약 2:1로써 이것이 $K_{\alpha1}$, $K_{\alpha2}$의 강도비가 된다. 이렇게 생성된 특성 X-선은 필터를 통과하며 단색화되어 X-선 회절 등의 연구에 사용된다.

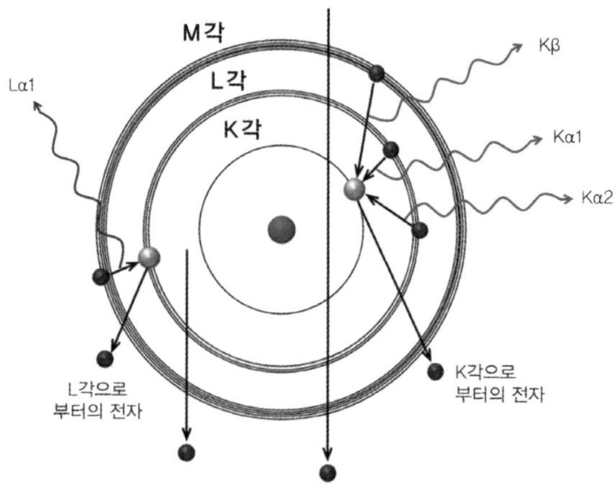

그림 7-1 특성 X-선의 발생 원리

2) X-선의 회절 원리

그림 7.2와 같이 임의의 결정이고 면간 거리 d를 가지고 평행한 격자면 A, B, C로 배열되어 있을 때 이 결정에 파장 λ인 X-선을 입사각 θ로 조사하면, X-선은 원자에 의해 모든 방향으로 산란된다. 이 중에서, 산란된 X-선의 행로 차 P′R+RP″가 입사 X-선 파장의 정수 배로 된 X-선은 간섭 효과에 의해 강해진다. 이 현상을 회절 현상이라 하고, 이렇게 하여 발생된 X-선을 회절 X-선이라 부른다. 회절 현상이 발생하는 경우 입사 X-선의 파장 λ 및 입사각 θ와 격자면 간격 d 사이에는 다음과 관계가 성립된다.

$$2d \sin\theta = n\lambda$$

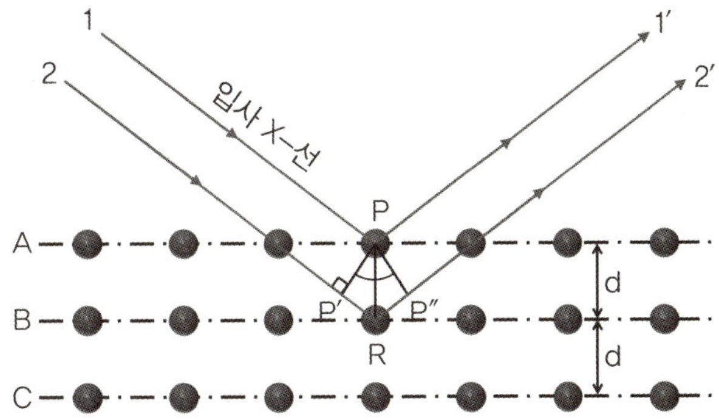

그림 7-2 X-선의 회절 원리

이 관계식을 Bragg식이라 부르며, 회절 X-선이 나타내는 입사각 θ가 정해지면 격자면 간격 d가 구해지게 된다. 보통, X-선 회절법에 관해서는 입사 X-선과 격자면이 이루는 각도 θ보다도 측정계의 기하학적인 배치를 잘 반영하는 각도 2θ가 사용되고 있다. 조사한 X-선의 파장에 대한 2θ-d 대조표가 구해져 있어서, 이 표로부터 격자면 간격 d를 알 수 있다. 분말 시료를 사용하면 여러 가지 격자면 간격의 원자면이 나타난다. 입사 X-선의 각도를 연속적으로 변화시키면서 회절 X-선의 강도를 기록하면 강도가 다른 복수의 회절 peak로부터 형식을 얻을 수 있으며, 물질의 구조에 따라 고유한 회절 형식을 얻게 된다.

3. X-선 회절 분석법

X-선을 결정에 부딪히게 하면 그 중 일부는 회절을 일으키고 그 회절각과 강도는 물질 구조상 고유한 것으로서 이 X-선 회절을 이용하여 시료에 함유된 결정성 물질의 종류와 양에 관계되는 정보를 알 수 있다. 이와 같이 결정성 물질의 구조에 관한 정보를 얻기 위한 분석 방법이 X-선 회절 분석법이다. X-선 회절 분석법을 위해서는 결정과 비결정의 차이, 단위정(Unit cell), 격자 상수(Lattice parameter), 밀러 지수(Miller index) 등의 기본적 이론은 숙지하여 두는 것이 좋다.

● 결정(Crystal)

3차원 공간에서 구성 원자가 동일한 주기성, 규칙성, 반복성을 가지고 배열하고 있는 고체를 결정이라 하며 이외에 물질들은 비결정(Amorphous)이라 한다.

● 단위정(Unit cell)

점격자는 공간 중에서 도형을 형성하고 이러한 도형은 축 방향으로의 반복에 의해서 공간을 채우게 된다. 이렇게 반복에 의해 공간을 채우는 최소의 단위를 단위정이라 하며, 단위격자(Unit lattice)라고도 한다. 3차원에서 단위정의 크기와 모양은 단위정의 한 점을 원점으로 하는 3개의 벡터 A, B, C로 나타낼 수 있으며 이들 벡터를 결정축(Crystallographic axis)이라고 한다.

● 격자 상수(Lattice parameter)

3차원 공간에서 벡터 A, B, C의 이동으로 공간상의 모든 점격자를 규정지을 수 있으며 단위정을 나타내는 각각의 축 길이 a, b, c와 그들 사이의 각 α, β, γ의 조합.

● 밀러 지수(Miller index)

원점에서 면이 결정축과 만나는 점까지 거리와 그 축의 단위 길이에 대한 비의 역수를 정수의 비로 표현한 것으로, 동등한 평행면의 경우 원점에서 가장 가까운 면으로 평행한 면들의 지수를 대표하여 표현한다.

4. 실험의 목적

1) X-선 회절의 원리를 이해한다.
2) X-선 회절 분석을 통하여 알아낼 수 있는 정보들을 숙지하고 이해한다.
3) X-선 회절 분석을 통하여 물질에서 알아낼 수 있는 정보들을 얻어낸다.

5. X-선 회절 분석을 통한 데이터 정리

1) 회절 피크의 위치 보정

회절 각도 θ_B는 사용하는 X-선의 파장이 일정한 경우 결정계의 종류와 격자 상숫값에만 의존하게 되어 특정 결정질 고체에서의 회절 피크의 위치와 분포는 항상 일정하다. 따라서 X-선 회절 피크의 위치와 분포를 관찰함으로써 상분석(phase analysis)이 가능해진다. 또한 결정질 고체에서는 그 결정구조는 유지하나 치환형 또는 침입형 고용체를 형성하며 격자 상수의 변화를 수반하는 경우가 많이 관찰되며 이러한 물질의 연구에는 정확한 회절각 측정에 따른 격자 상수의 계산이 필수이므로 회절 피크의 위치를 정확하게 보정해줄 필요가 있다. 실리콘은 면심 입방 구조로 회절 피크가 전 회절 영역에서 고르게 분포하여 회절 피크의 위치를 보정하는 외부 표준 시료로 많이 사용된다. 다음 그림 7.3은 결정질 재료의 JCPDS card로 각 회절 피크의 위치, 회절 강도의 비율, 면지수 등의 정보를 포함하고 있으며 2θ값을 θ 또는 면간 거리로 바꾸어 나타낼 수 있다.

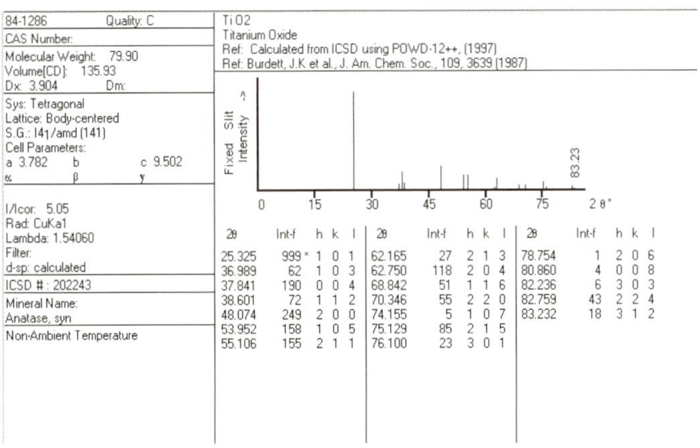
84-1286 Quality: C
CAS Number:
Molecular Weight: 79.90
Volume[CD]: 135.93
Dx: 3.904 Dm:
Sys: Tetragonal
Lattice: Body-centered
S.G.: I41/amd (141)
Cell Parameters:
a 3.782 b c 9.502
α β γ
I/Icor: 5.05
Rad: CuKa1
Lambda: 1.54060
Filter:
d-sp: calculated
ICSD # : 202243
Mineral Name:
Anatase, syn
Non-Ambient Temperature

Ti O2
Titanium Oxide
Ref: Calculated from ICSD using POWD-12++, (1997)
Ref: Burdett, J.K et al., J. Am. Chem. Soc., 109, 3639 (1987)

2θ	Int-f	h	k	l	2θ	Int-f	h	k	l	2θ	Int-f	h	k	l
25.325	999*	1	0	1	62.165	27	2	1	3	78.754	1	2	0	6
36.989	62	1	0	3	62.750	118	2	0	4	80.860	4	0	0	8
37.841	190	0	0	4	68.842	51	1	1	6	82.236	6	3	0	3
38.601	72	1	1	2	70.346	55	2	2	0	82.759	43	2	2	4
48.074	249	2	0	0	74.155	5	1	0	7	83.232	18	3	1	2
53.952	158	1	0	5	75.129	85	2	1	5					
55.106	155	2	1	1	76.100	23	3	0	1					

그림 7-3 TiO_2의 JCPDS card

2) 면간 거리 계산

회절 피크 θ_B를 평가 후, Bragg식을 이용하여 면간 거리를 계산한다. 일반적으로 X-선 회절 분석에 사용되는 파장은 Cu K_α선을 이용하므로 λ = 1.54 Å을 대입하면 쉽게 구할 수 있다.

3) 결정립 크기의 계산

분말 결정 시료의 결정립 크기가 충분히 작아 결정립 내 특정 결정면 모두가 회절에 기여할 때 결정립의 크기는 Scherrer 식을 이용하여 구할 수 있으며, 결정립의 크기 t는 다음과 같은 식으로 구할 수 있다.

$$t = \frac{K\lambda}{\beta \cos\theta_B}$$

여기서 β는 특정 회절 피크 θ_B의 반치폭(FWHM : Full Width at Half Maximum)에 해당이 된다. K는 형상 인자로써 일반적으로 약 0.9의 값을 가지게 되며, 결정의 형상에 의존한다. Scherrer 식은 나노 크기의 결정립에 제한되며, ~100nm 이상의 결정립에서는 적용될 수 없다.

6. 시약 및 기구

- XRD 분석 장비
- 시약 스푼
- 유발
- XRD 샘플 홀더
- Origin 프로그램
- TiO_2 분체(Degussa P25)
- 유산지
- 유봉
- 슬라이드 유리

7. 실험 과정

① 샘플 홀더에 시료를 넣고 슬라이드 유리를 이용하여 수평을 맞춰주고 XRD 장비에 장착한다.

② XRD 프로그램을 켜고 $2\theta/\theta$ 모드로 변경한 후 측정 범위, 측정 간격, 측정 시간 등을 입력 후 분석을 시작한다.

③ 분석이 완료된 data를 Origin 프로그램을 이용하여 Graph화하고, JCPDS와 비교하여 면 지수를 기입한다.

④ Origin을 이용하여, 회절 강도가 큰 몇 개의 peak를 분석하여 면간거리 및 격자, 결정립의 크기를 계산하여 구한다.

8. 결과

- XRD 측정 결과를 y축 intensity, x축 2θ로 그래프를 삽입하고, JCPDS와 비교하여 면 지수를 기입하시오.

2θ vs. Intensity 그래프를 면지수와 함께 삽입하시오.

- Lorentz 함수를 이용하여 계산된 면간 거리 및 결정립 크기 계산. (강도가 큰 3개의 peak를 fitting하여 peak 위치와 반가폭을 구해 이를 이용한다.)

면	면 위치(2θ)	반가폭(β)	면간 거리(d)	결정립 크기

9. 토론

- X-선 회절 분석을 통하여 얻을 수 있는 정보에 관하여 토론하시오.
- JCPDS와 비교하여 피크의 위치가 변화하는 이유에 관하여 토론하시오.
- 미지 시료의 X-선 회절 분석을 실시한 경우 물질의 성분 및 결정구조를 알아내는 방법에 관하여 토론하시오.

▷ 참고 문헌 ◁

1) http://en.wikipedia.org
2) 김문집, X-선 회절 분석, 반도출판사, 1998.
3) 한국요업학회 교육위원회, 세라믹 실험, 반도출판사, 1998.
4) 한봉희, X-선 회절의 기초, 동명사, 1983.

제 8 장

재료의 평가
(2) 주사전자현미경(SEM)

1. 전자현미경의 기본 개념

1) 전자현미경이란?

최근 정보 기기들의 극소화 추세뿐만 아니라 첨단 소재 분야에서도 극미세 기술의 산업화로 인해 미세 구조물 또는 재료의 표면 형상에 대한 정보가 절실히 요구되고 있다. 특히, 1990년대 후반부터 전 세계적으로 나노 연구가 활발해지면서 나노 물질의 구조와 특성을 규명하기 위한 다양한 연구들이 진행되고 있으며, 전자현미경은 중요한 축을 담당하고 있다.

전자현미경(Electron microscope)은 광학현미경(Light microscope)에서 사용하는 가시광(Visible rays) 대신 전자선(Electron beam)을, 또한 유리렌즈(Glass lens) 대신에 전자렌즈(Electron lens)를 사용하여 물체의 확대상을 만드는 장치를 말한다.

1920년대에 기존 현미경의 한계를 극복할 수 있는 새로운 미세 관찰 기술이 요구되었으며, 전자의 자계에 의한 렌즈 작용을 이론화하여 현미경의 새로운 광원으로 전자를 사용하게 되었는데 이를 계기로 새로운 현미경의 이름을 전자현미경이라 부르게 되었다. 전자현미경은 전자에 대한 렌즈 작용을 코일에 흐르는 전류를 변환시킴으로써 자계(Magnetic field)를 사용하여 전자의 이동 경로를 휘게 하여 마치 볼록렌즈가 빛을 집속하듯 전자를 모아주는 것과 유사하다. 전자현미경은 광선 대신에 전자 빔을 사용하기 때문에 현미경의 내부는 진공 상태여야 한다. 전자는 공기와 충돌하면 에너지가 소실되거나 굴절되는 등 원하는 대로 제어하기 어렵기 때문이다.

광학현미경은 실제의 상을 볼 수 있지만 전자현미경은 형광판이나 사진판을 통해 상을 볼 수 있다. 광학현미경은 표본의 빛을 흡수 · 반사함으로써 상이 형성되는 반면, 전자현미경에서는 전자선이 시료의 표면에 충돌하면서 발생하는 이차 전자, 산란 전자, 투과 전자, X-Ray 등을 측정하여 표면의 형태를 영상으로 나타낸다.

2) 전자현미경으로 얻을 수 있는 정보

전자현미경으로 재료의 표면 형상, 적층 결함, 계면 등을 직접 관찰함에 따라 이들이 재료의 여러 성질들에 미치는 영향을 정확히 규명할 수 있다. 전자 회절로써 결정의 격자 상수와 대칭성 등을 규명할 수 있고, 분석 전자현미경으로 원자의 종류와 양을 분석할 수 있다. 그리고 고분해능 전자현미경으로 원자의 배열을 관찰할 수 있다. 이들 전자현미경 기술을 이용하면 원자의 종류와 위치를 원자 규모로 규명할 수 있고, 이들이 재료의 성질에 미치는 영향을 규명하여 새로운 재료의 개발에 이용할 수 있다. 전자현미경으로 얻을 수 있는 정보는 크게 다음과 같다.

- Topography

물체 표면의 요철 및 형상을 관찰.

- Morphology

물체를 구성하는 입자들의 형상과 크기 관찰.

- Composition

물체를 구성하는 원소와 화합물의 종류 및 상대적인 양을 분석, 전자와 시편이 상호 작용하여 생기는 X-선이나 전자를 분석하여 시편 내에 존재하는 원자의 종류와 양을 알아내는 방법으로 에너지 분산 X-선 분광학과 전자 에너지 손실 분광이 있다.

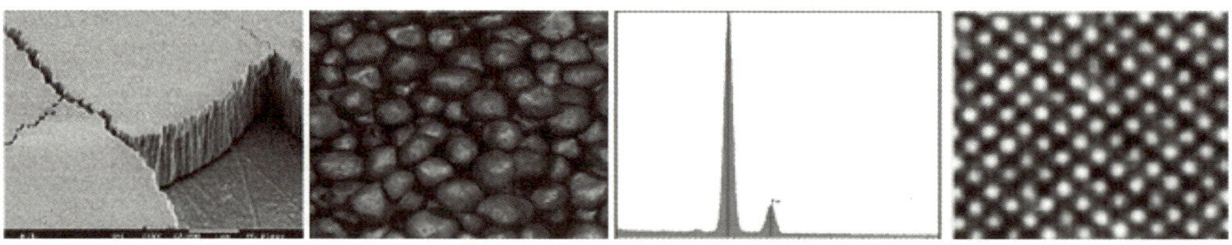

(a) Topography (b) Morphology (c) Composition (d) Crystallography

그림 8-1 전자현미경으로 얻을 수 있는 정보

● Crystallography

재료 내 원자들의 배열 상태 분석, 전자와 시편 내의 원자 간의 간섭을 이용하여 원자의 위치 및 배열에 대한 정보를 얻는 것이다. 회절 패턴을 이용한 결정구조 정보와 같은 역공간의 정보를 제공한다.

3) 전자현미경의 종류

● SEM(Scanning Electron Microscopy, 주사전자현미경)

10^{-5} Torr 이상의 진공 중에 놓여진 시료 표면을 전자선으로 x-y의 이차원 방향으로 주사하여 시료 표면에서 발생하는 이차 전자, 반사 전자, 투과 전자, 가시광, 적외선, X선, 내부 기전력 등의 신호를 검출하여 모니터에 확대상을 표시하며, 시료의 형태, 미세 구조의 관찰이나 구성 원소의 분포, 정성, 정량 등의 분석하는 장치이다. 자기 렌즈를 이용하여 전자빔을 가늘게 집속하며, 이를 시료면 위를 주사함으로써 발생하는 이차 전자를 주로 검출한다. 이차 전자의 양은 표면의 물질과 표면의 굴곡에 의존한다.

● TEM(Transmission Electron Microscopy, 투과전자현미경)

TEM은 필라멘트에서 나온 전자를 가속하여 양극의 구멍을 빠져 나온 전자빔을 얇게 자른 시편에 통과시켜 상을 얻고. 그 상을 전자렌즈로 차례차례 확대하여(대물 · 중간 · 투영의 3단 렌즈) 마지막 단계의 상을 형광판에서 관찰하고 카메라로 찍는다. 전자빔의 통로는 물론 모두 진공으로 되어 있다. 직류전류를 조절하면 렌즈의 세기(초점거리)가 달라진다. 시료의 두께가 100 ㎚를 넘으면 전자빔이 거의 투과하지 못하여 윤곽밖에 보이지 않으므로 내부 구조를 보려면 얇게 만들어야 한다.

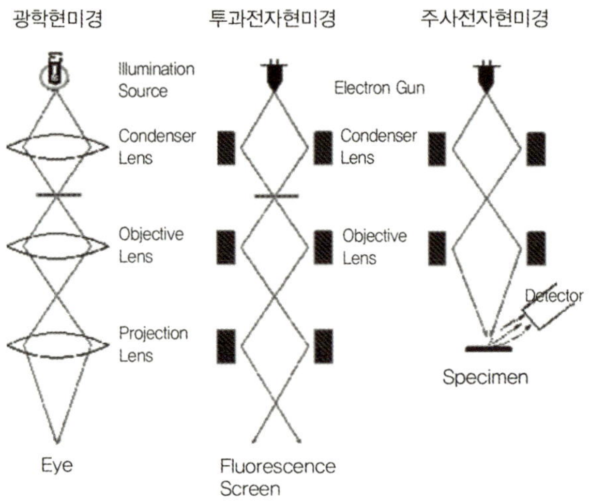

그림 8-2 광학현미경과 전자현미경의 모식도

2. 주사전자현미경

전자빔이 시료 표면에 입사되면 표면에서 이차 전자가 주로 튀어나오며, 대부분의 SEM은 이차 전자 검출기를 표준으로 사용하고 있다. 그 외에도 전자빔은 시료와 충돌하여 후방산란전자 등 다양한 현상이 발생하고, 이를 활용하여 다양한 형태의 측정이 가능하다.

전자빔이 입사되면서 시료와 상호작용은 표면에서의 깊이에 따라 주요 기작이 다르게 나타나는데 그림 8.3은 20kV 전자빔을 니켈 시편에 직

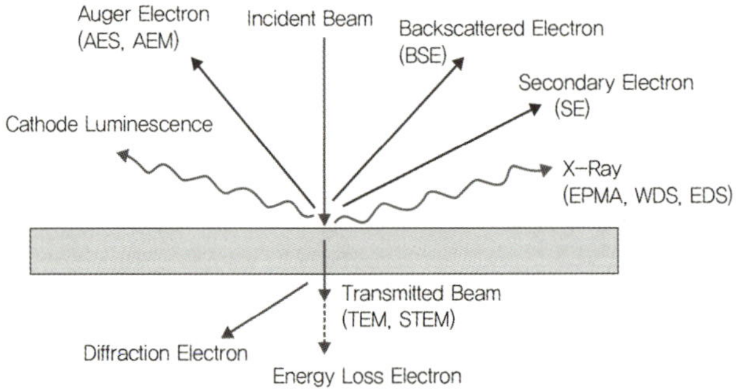

그림 8-3 시편에 전자가 입사되는 경우 발생하는 여러 종류의 신호

각으로 입사될 때, 상호작용의 부피를 나타낸 것이다. 이러한 상호작용 및 그 결과가 탐지되고 이미지로서 모니터 혹은 필름에 기록된다. 위의 단계들은 전자현미경의 종류에 관계없이 모두 발생하며, 세부적인 구조 및 기능은 장비에 따라 약간의 차이가 있다.

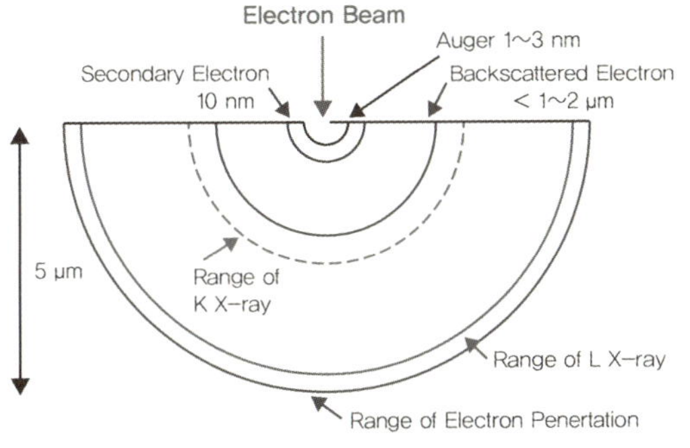

그림 8-4 Ni 시편에 입사된 전자빔의 상호작용

분해능이 높기 때문에 고배율로 물체를 관찰할 수 있다. 열방사형 텅스텐 필라멘트 방식의 SEM은 10만 배 이상(분해능: 3~5 nm), 전계방사형 SEM(FE-SEM)은 최대 100만 배(분해능: 0.5~2 nm)까지 확대상을 얻을 수 있다. 전자현미경은 광학현미경과 달리 피사계 심도가 대단히 깊다. 피사계 심도란 관찰 대상의 확대 영상에서 초점이 맞는 깊이 범위를 의미한다. 그림 8.5는 광학현미경과 전자현미경으로 측정한 영상으로 SEM 영상이 훨씬 정밀하게 관찰되는 것을 알 수 있다. 따라서 SEM은 요철이 심한 파단면의 관찰이나 표면 도조가 큰 시료를 관찰하는 데 매우 유리하다.

그림 8-5 동일 시료를 관찰한 광학현미경의 이미지와 SEM의 이미지

다양한 검출기 및 주변 기기를 장착하여 응용 분야를 확장할 수 있다. 대표적인 검출기는 후방산란전자를 측정할 수 있는 BSE(Back scattered electron) 검출기와 특성 X-선을 검출할 수 있는 EDS(Energy dispersive X-ray spectroscope)와 WDS(Wavelength dispersive X-ray spectroscope) 검출기가 대표적이다. 특히, X-선 분광분석법은 짧은 시간에 미세 영역의 구성 성분을 분석할 수 있기 때문에 이차 전자 검출기와 함께 가장 많이 이용되고 있다. 한편 부도체 시료의 관찰 시에는 전자가 시료에 축적되어 이미지가 왜곡될 수 있으므로 Au 또는 Pt 등의 전도체로 코팅하여 관찰한다.

3. 실험의 목적

1) 주사전자현미경을 통하여 알아낼 수 있는 정보들을 숙지하고 이해한다.
2) 일반적인 세라믹 재료의 형상을 평가함으로써 주사전자현미경의 일반적인 이해를 얻는다.

4. 시약 및 기구

- SEM 분석 장비 및 프로그램
- 샘플 홀더
- Carbon 테이프
- 유산지
- Au 코팅 장비
- TiO_2 나노 섬유 샘플
- 트위저

5. 실험 과정

① 샘플 홀더에 Carbon 테이프를 붙이고 그 위에 TiO_2 나노 섬유를 부착시킨다.
② Au 코팅 장비를 이용하여 샘플을 코팅한다.
③ SEM 분석 장비 챔버 안의 진공을 제거한 후 샘플 홀더를 장착하여 다시 진공을 잡아준다.
④ SEM 분석 장비 및 프로그램을 이용하여 샘플 홀더의 높이를 조절하고 샘플을 찾는다.
⑤ 초점을 맞춰가며 낮은 배율부터 형상을 관찰한다.
⑥ 얻어내고자 하는 비율에서의 이미지를 저장하여 크기 및 형상을 분석한다.

6. 결과

● SEM 측정 결과

배율1	배율2	배율3

- 나노 섬유 샘플의 직경에 따른 히스토그램 분포 및 평균 직경

히스토그램을 삽입하시오. 평균 직경을 표준 편차와 함께 기입하시오.

7. 토론

- SEM 측정 시 샘플을 코팅하는 이유에 관하여 토론하시오.
- 높은 배율의 이미지를 더욱 선명하게 얻기 위한 방법에 관하여 토론하시오.

▷ 참고 문헌 ◁

1) http://en.wikipedia.org
2) http://www.coxem.com/magazine/2009.html
3) 한국요업학회 교육위원회, 세라믹 실험, 반도출판사, 1998.
4) 일본전자현미경학회, 주사전자현미경의 기초, 반도출판사, 2001.

제 9 장

재료의 평가 (3) 광학적 특성

1. 투과율, 반사율, 흡수율

1) 빛의 특성

태양에서 발생하는 빛의 파장은 매우 다양하여 그림 9.1과 같이 1 nm 이하의 X-선으로부터 10^{10} nm 이상의 라디오파까지 다양하다. 빛이 재료에 비쳐지면 그림 9.2와 같이 빛의 일부는 표면에서 반사하고 재료의 내부를 통과할 때 일부는 흡수하고 나머지 빛만이 외부로 투과한다. 즉 반사+흡수+투과 = 100%가 된다.

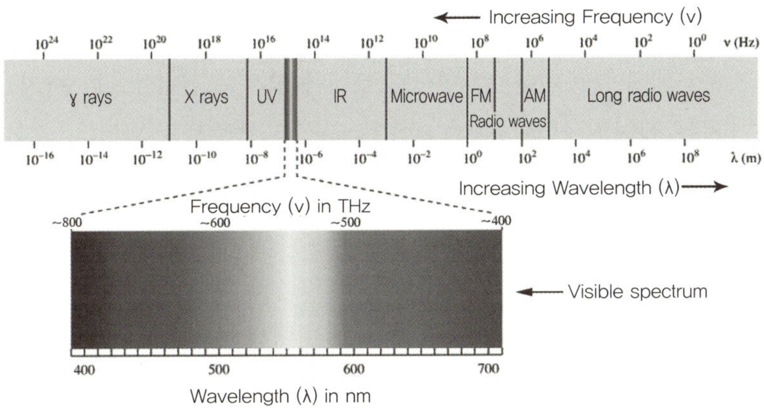

그림 9-1 태양광 스펙트럼

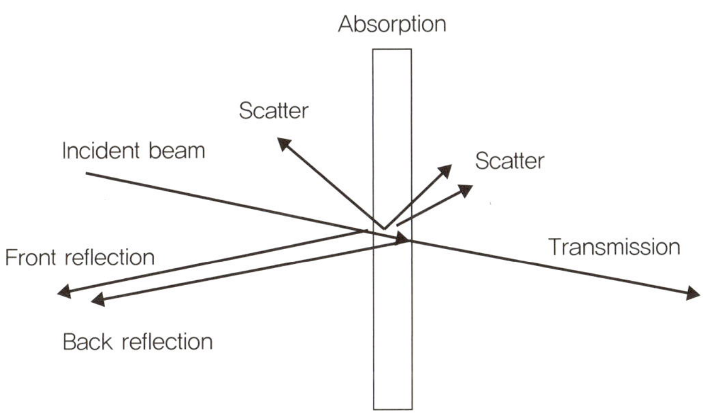

그림 9-2 유리에 입사된 빛의 분류

우리가 매일 보는 빛은 지구에 입사되는, 태양에 의해 방사된 전체 에너지의 극히 일부분이다. 햇빛은 '전자기 복사'의 형태를 가지고, 우리가 보는 가시광은 아래에 나타낸 전자기 스펙트럼의 작은 부분이다.

1860년대 후반까지 빛은 전자기 스펙트럼의 일부로써 특정 파장을 가진 파동으로 설명되었다. 그러나 1800년대 후반에, 가열된 물체로부터의 파장 스펙트럼을 측정하는 실험을 빛을 파동으로 보는 방정식을 이용하여 설명할 수가 없었을 때, 빛을 파동으로 보는 시각에 문제가 생겼다. Planck는 빛의 총 에너지는 서로 분간할 수 없는 에너지 요소, 즉 에너지의 'quanta'로 구성되어 있다고 제안하였다. Einstein은 광전효과(Photoelectric Effect), 즉 특정 금속과 반도체에 빛이 입사되었을 때 전자가 방출되는 효과를 연구하면서, 이들 quantum energy 요소의 값들을 정확하게 구분하였다. 이 연구를 토대를 빛은 '포톤(Photon: 광자)'이라고 하는 에너지 입자 혹은 '다발(Packet)'로 간주하게 되었다. 포톤의 에너지(E)와 빛의 파장(λ) 사이에는 다음의 반비례 관계식이 성립된다.

$$E = \frac{hc}{\lambda}$$

여기서, h는 Planck 상수, c는 빛의 속도인데, 그 값은 아래와 같다.

$$h = 6.626 \times 10^{-34} \text{ joule} \cdot \text{s}$$

$$c = 2.998 \times 10^{8} \text{ m/s}$$

위의 반비례 관계식은 에너지가 높은 포톤들(청색 빛)로 구성된 빛의 파장이 짧다는 것을 의미한다. 낮은 에너지의 포톤들(적색 빛)로 구성된 빛은 파장이 길다. 포톤 에너지의 식을 eV와 nm로 표시하면 아래 식과 같이 흔히 사용되는 포톤의 에너지와 파장 사이의 관계를 얻게 된다.

$$E(eV) = \frac{1240}{\lambda(nm)}$$

2) 반사

그림 9.3과 같이 어떠한 재료에 빛이 들어가면 빛의 일부는 굴절하여 물체 안으로 침투하고 일부는 반사하게 된다. 이 때 빛의 반사각은 입사각과 같게 된다. 반사 R은 표면에서 반사하는 분율을 나타내며 이는 다음 식과 같이 굴절률과 연관시켜 Fresnel 식으로 나타낼 수 있다.

$$R = \left(\frac{n-1}{n+1}\right)^2$$

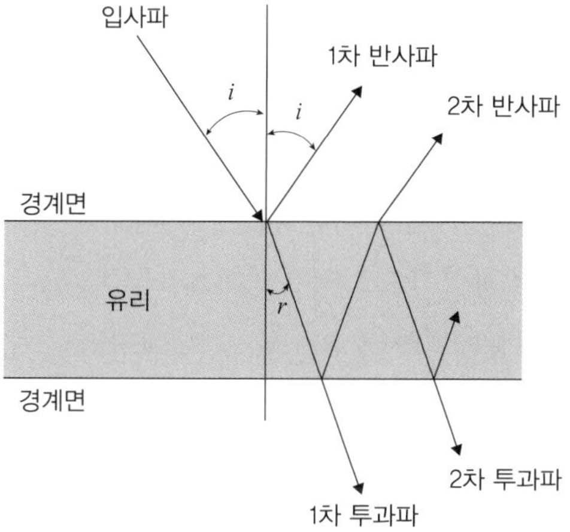

그림 9-3 유리에서의 빛의 반사 및 투과

여기서 n은 물질의 굴절률을 나타낸다. 위의 식은 빛이 물체 표면에 수직으로 입사될 때의 경우이다. 이 식에서 보듯이 고 굴절률 재료에서는 반사율이 높게 나타난다. 일반 유리의 굴절률이 1.5 정도가 되므로 위의 식을 이용하여 이 유리의 반사율을 계산하면 약 4%가 됨을 알 수 있다. 즉, 유리 표면에서 빛의 4%는 반사로 손실된다. 한 장의 유리판을 생각할 때 유리 양면에서 4%의 반사가 일어나므로 유리의 흡수가 없다고 하더라도 투과되는 빛은 92%만 투과한다. 따라서, 가능한 굴절률을 작게 하여 반사율을 적게 하면 투과율이 커진다.

3) 흡수

만일 빛이 물체에 쏘여져 물체 내의 전자를 자극하면 전자는 한 에너지 준위에서 다른 에너지 준위로 이동하게 된다. 이러한 형태로 빛의 특정 파장이 물체에 의해 흡수되고 그 물질은 특정한 파장의 빛에 대하여 불투명하게 된다. 금속은 전자가 움직일 수 있는 여러 개의 에너지 준위를 가지고 있어서 빛의 모든 파장에 대하여 불투명하다. 그러나 이온결합을 하고 있는 세라믹스는 최 외각 에너지 준위에 전자가 꽉 차 있고 다음 에너지 준위와의 간격이 넓어서 전자가 움직일 수 없으므로 여러 파장의 빛에 대하여 투명하다. 그러나 반도체의 경우 이 간격이 적어서 충분한 에너지를 제공할 경우 전자가 전도대로 여기 되어 투명성을 잃게 된다. 광학적 흡수 현상은 공명 현상 때문에 생기기도 한다. 빛의 진동수가 재료의 진동수와 동일할 때 이러한 현상이 일어난다. 이렇게 재료의 진동이 빛을 흡수하여 광학적으로 불투명하게 되기도 한다.

결정체나 유리에 존재하는 원자 중 전자 에너지 준위의 간격이 가시광선의 특정 파장과 일치할 경우 물체가 그 파장을 흡수하게 된다. 이렇게 물체가 특정 파장을 선택적으로 흡수함으로써 색이 나타나게 된다. 물체에 빛이 입사될 때 입사광과 투과광의 강도를 각각 I0, I라 하고 유리판의 두께를 x라 하면 유리의 흡수는 Beer-Lambert 식으로 나타낼 수 있으며, 여기서 α는 세라믹스의 흡광계수이다.

$$I = I_0 \exp(-\alpha x)$$

4) 투과

물체에 입사된 빛의 일부가 위에서 언급한 것과 같은 이유로 반사, 흡수하고 남은 빛이 투과하게 된다. 따라서 투과율 T는 다음의 식과 같이 나타낼 수 있다.

$$T\% = 100\% - R\% - A\%$$

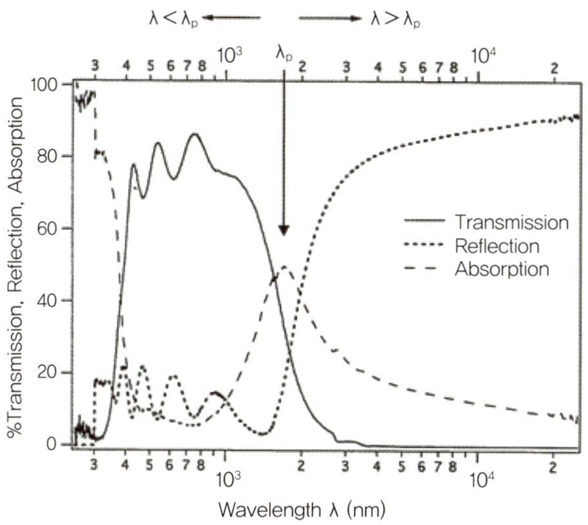

그림 9-4 유리의 파장에 따른 반사 · 흡수 · 투과 곡선

2. 실험의 목적

1) 광학적 성질의 분류 및 원리를 이해한다.
2) 재료의 광학 특성 평가 방법을 숙지한다.

3. 시약 및 기구

- UV-visible spectrometer
- 샘플 홀더
- FTO 투명 전극 유리

4. 실험 과정

① 2.5 × 3.0 cm^2 크기의 샘플을 준비한다. 샘플 표면의 먼지를 제거한다.

② 분광기에서 측정 모드, 기록 범위, 파장 범위, 스캔 속도, 슬릿의 폭, 파장 간격 등을 지정한다.

③ 선택되어 있는 파장 범위에서 백그라운드를 0%으로 맞추고 100%선과 0%선을 보정한다.

④ 시편을 측정하고자 하는 용도에 맞게 적분구의 샘플 홀더에 장착 후 슬릿으로부터 나오는 평행에 가까운 빛을 시편에 입사시킨다.

⑤ 적분구에서 샘플 홀더의 위치를 변화시키며 각 시편에 대한 투과율, 반사율을 데이터로 얻을 수 있다.

⑥ 얻어낸 투과율, 반사율을 이용하여 흡수율을 계산하고, 그래프로 정리한다.

⑦ 가시광선 영역의 평균 반사율, 투과율, 흡수율을 계산한다.

5. 결과

- 반사율, 투과율, 흡수율 그래프

그래프를 삽입하시오.

● 가시광선 영역의 평균 반사율, 투과율, 흡수율

평균 반사율(%)	평균 투과율(%)	평균 흡수율(%)

6. 토론

● 광학적 물성을 더욱 정확하게 얻을 수 있는 방법에 대하여 토론하시오.

● 투과율을 높이기 위한 방법에 대해 토론하시오.

▷ 참고 문헌 ◁

1) William F. Smith, 재료과학과 공학, McGraw Hill, 2012.

2) 최재성, 분석화학 기기분석, 동화기술교역, 2000.

3) W.D. Kingery, Introduction of Ceramics, Bwiley, 1996.

4) 한국요업학회 교육위원회, 세라믹 실험, 반도출판사, 1998.

5) Christiana Honsberg and Stuart Bowden, PVCDROM, Arizona State University, 2010.(http://www.pveducation.org/pvcdrom)

제 10 장

태양전지 기초

Ⅰ 태양전지 이론

1. 태양전지의 필요성

● 태양에너지

태양에너지는 지구상에 있는 거의 모든 에너지의 원천이다. 인간은 다른 모든 동물, 식물과 같이 에너지와 음식을 태양에 의존한다. 하지만 인간은 여러 가지 방법으로 태양에너지를 활용한다. 예를 들어, 먼 옛날 지질시대의 식물성 물질인 화석연료는 운송과 발전용으로 사용되는데, 본질적으로는 수백만 년 전부터 저장된 태양에너지이다. 마찬가지로 바이오매스는 태양에너지를 연료로 변환시켜 주어 열이나 수송 혹은 발전용으로 사용할 수 있게 된다. 기계적 에너지 혹은 수송용으로 수백 년 동안 사용된 풍력에너지는 태양에너지에 의해 가열된 공기나 지구의 자전에 의해 만들어진 공기의 흐름을 이용한다. 오늘날 풍력 터빈은 전통적인 사용뿐 아니라 바람의 에너지를 전기로 변환한다. 심지어 수력발전도 태양으로부터 유래한 것이다. 수력은 태양에 의한 물의 증발에 의존하고, 비로 되어 지구로 되돌아오면 댐에 물을 제공한다. 태양광(Photovoltaics : 보통 PV 로 줄임)은 태양에너지를 이용하는 간단하고도 세련된 방법이다. *PV* 소자(태양전지)는 소음이나 오염, 기계적인 구동 부품 없이 입사된 태양의 복사에너지를 직접 전기로 변환시켜 주기 때문에 매우 독특하고, 안전할 뿐만 아니라 신뢰성이 높고, 수명이 긴 특징이 있다.

그림 10-1 호주 국립공원 Montague Island의 태양광 구동 등대

● 화석연료 고갈

태양광은 태양전지를 사용하여 햇빛을 직접 전기로 변환하는 프로세스이다. 오늘날 종래의 화력발전을 대체할 수 있는 재생에너지 발전 기술로 급격히 성장하고 있고 그 중요성이 증대되고 있다. 하지만 1950년대에 처음으로 실용적인 태양광 발전 기술이 도입되어 여타 발전 방식에 비해 비교적 새로운 기술이다. 태양전지의 연구 개발은 우주 분야에서 전원 공급원으로 독립적인 전력 공급을 필요로 하는 우주용으로 1960년대에 처음으로 각광을 받게 되었다. 1970년대의 석유 위기로 지상용의 대체에너지 원의 필요성에 대한 세계적인 관심이 고조되었고, 그 결과 지상용의 발전 기술의 하나로 태양광에 대한 연구가 촉진되었다. 비록 석유 위기가 단기에 그치고 태양전지 개발에 대한 재정적인 인센티브가 줄어들게 되었지만 태양전지는 발전 기술로써 시장에 진입하게 되었다. 원격지의 전원 공급용으로서의 활용성과 장점에 대한 인식이 형성되면서 지상용 태양광 산업의 개발이 촉진케 되었다. 소규모 이동용 전자기기(계산기, 시계 등)의 전원 공급용으로 활용되었고, 원격지 전원 공급 분야에도 진출하게 되었다.

● 기후변화

현재 태양광 발전 시스템의 대부분은 단순히 실용적이고 경제적인 이유 때문에 사용되고 있으나 태양광의 잠재적인 이득은 태양광이 여타 발전 기술에 비해 가장 환경 친화적인 기술의 하나라는 점이다. 인간의 활동으로 인간이 발생시키는 "Anthropogenic 가스"가 대기로 점차 많이 배출되는데, 이 가스들은 7~13 μm의 파장 범위를 흡수하는데, 특히 이산화탄소, 메탄, 오존, 질소 산화물과 염화불화카본이 그러하다. 이들 가스들은 정상적인 에너지의 방출을 막아 잠재적으로 지구의 온도를 상승시킬 수도 있다. 현재의 제반 증거들을 보면 2030년까지 이산화탄소의 농도는 배로 증가하고 지구의 온도를 1~4℃ 상승시키게 된다는 것이다. 이렇게 되면 바람과 강우 패턴에 변화를 가져와 그 결과 대륙의 안쪽에는 가뭄을 가져오고 바다의 높이는 올라가게 될 수도 있다는 것이다. 분명 인간의 활동은 이제 지구의 환경에 영향을 미치고, 그것이 인간의 관심을 끄는 상황에까지 이르렀다. 부작용은 파괴적으로 나타날 수 있어 앞으로는 환경 영향이 작고 온실 가스 배출이 없는 기술이 점차 중요해 질 것이다. 따라서 화석연료를 대체할 수 있는 태양광과 같은 기술의 사용이 증대되어야 한다.

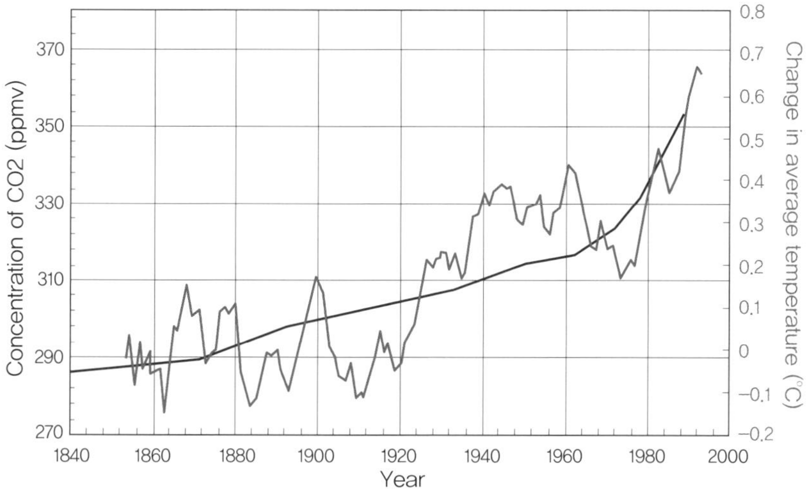

그림 10-2 평균 온도와 대기 중의 이산화탄소 농도의 연관성

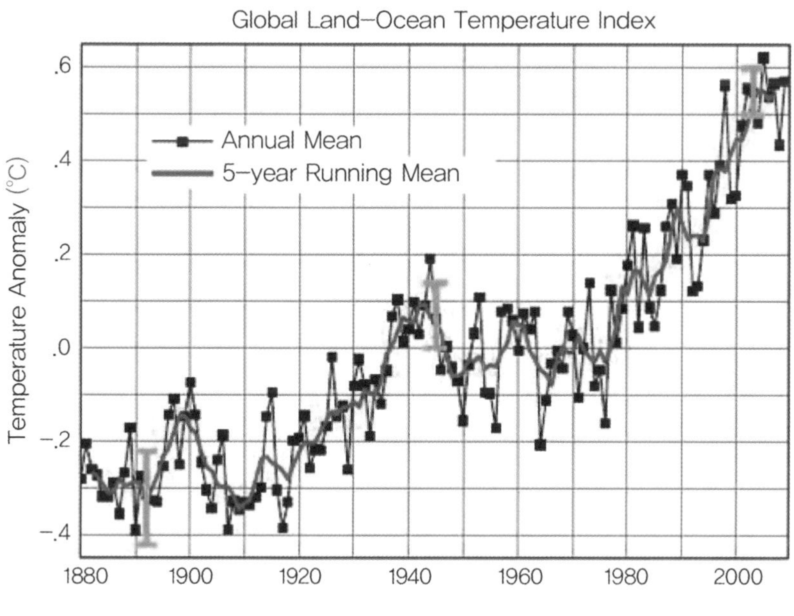

그림 10-3 지표면의 평균 온도

2. 태양광의 이해

- 지상에서의 태양 복사

대기권에 입사되는 태양 복사는 비교적 일정하지만 지표면에서의 복사는 아래 요인으로 크게 변한다.

- 흡수와 산란을 포함하는 대기에서의 효과
- 수증기, 구름, 오염과 같은 대기에서의 국부적인 변화
- 지리상의 위도
- 계절의 변화, 하루 중 시간의 변화

그 중에서 대기 효과는 지표면에서의 태양 일조 강도에 여러 가지 영향을 미친다. 태양광 측면에서 주요한 효과는 아래와 같다.

- 대기에서의 흡수, 산란, 반사에 기인한 태양복사 출력의 감소
- 특정 파장의 흡수가 강하거나 산란이 강한 것에 기인한 태양복사 분광 분포의 변화
- 태양복사에 분산이나 혹은 간접적인 요소의 도입
- 수증기, 구름, 오염과 같은 대기에서의 국부적인 변화, 이는 입사 출력, 스펙트럼, 방향성에 추가적인 영향을 미침

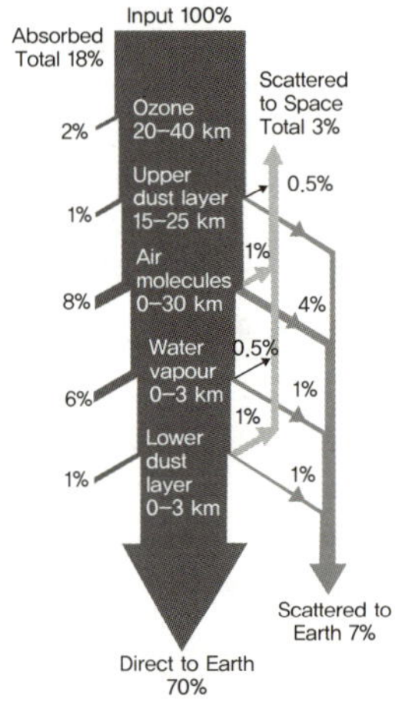

그림 10-4 입사되는 태양광의 청명일 흡수와 산란

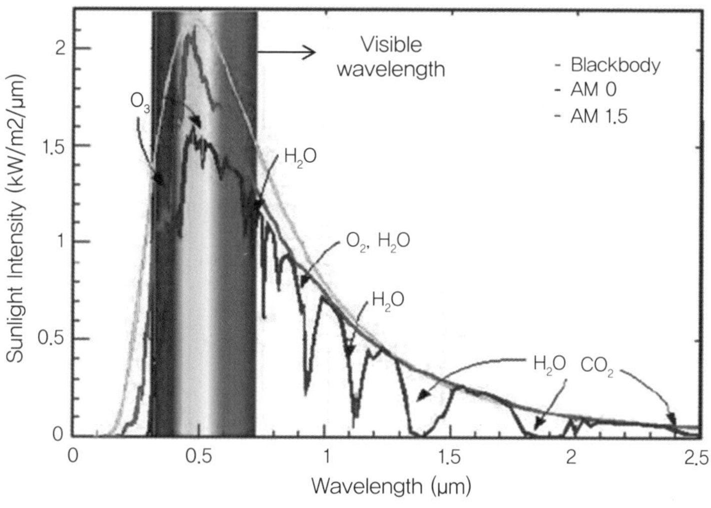

그림 10-5 Blackbody, AM 0, AM 1.5의 비교

- 에어매스

에어매스는 빛이 지구에 도달하기 전까지 통과하여야 하는 대기의 최단 경로의 길이를 나타낸다. 에어매스는 대기를 통과 중에 공기와 먼지에 의해 흡수되면서 빛의 출력이 줄어드는 양을 정하게 된다. 에어매스는 아래 식으로 정의한다.

$$AM = \frac{1}{\cos(\theta)}$$

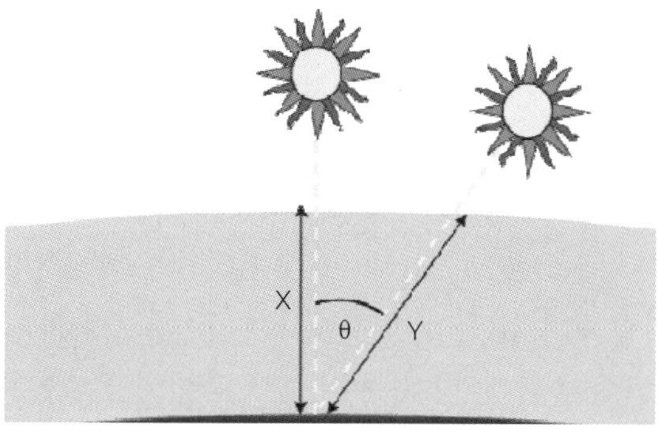

그림 10-6 에어매스는 바로 머리 위 경로에 대비하여,
빛이 통과하여야 하는 대기의 최단 경로의 길이 (Y/X)

여기서 θ는 수직선으로부터의 각도(Zenith angle : 천정각)이다. 태양이 바로 머리 위에 있을 때 에어매스는 1이다. 대기권 밖의 표준 스펙트럼을 AM 0이라 정의하고, 빛이 대기를 통과하지 않는 상태를 의미한다.

태양전지의 효율은 입사되는 태양광의 출력과 스펙트럼의 변화에 민감하게 반응한다. 서로 다른 시간대와 장소에서 만든 태양전지 사이의 정확한 비교를 위해서는 대기권 밖과 지표면에서의 일조량에 대한 표준 스펙트럼과 출력 밀도에 대해 명확히 규정하여야 한다. 지표면에서의 표준 스펙트럼을 AM 1.5G(G는 global을 나타내는 것으로 직달과 분산 복사 모두를 포함하는 것이다), 혹은 AM 1.5D(D는 직달 복사만)라고 한다. AM 1.5D 복사의 강도는 AM 0 스펙트럼을 28%(18%는 흡수에 기인, 10%는 산란에 기인) 줄이면 비슷해진다. 글로벌 스펙트럼은 직달 스펙트럼보다 10% 더 높다. 이렇게 계산하면 AM 1.5G 값이 약 970 W/m^2가 된다. 그러나 표준 AM 1.5G 스펙트럼은 단위의 편리성과 입사되는 태양 복사가 원래부터 변화가 있음을 감안하여 1 kW/m^2로 규격화한다.

3. p-n 접합

- *p-n* 접합의 형성

p-n 접합은 *n*-형의 반도체와 *p*-형의 반도체를 결합하여 형성한다. *n*-형 영역은 전자의 농도가 높고, *p*-형 영역은 정공의 농도가 높기 때문에 전자들은 *n*-형 쪽에서 *p*-형 쪽으로 확산한다. 마찬가지로 정공은 확산에 의해 *p*-형 쪽에서 *n*-형 쪽으로 흐른다. 전자와 정공들이 접합의 다른 쪽으로 이동할 때 그들은 뒤에 도펀트(Dopant) 원자 자리에 노출된 전하(Exposed charge)를 남기는데, 이들 전하들은 결정격자 내에 고정되어 있어 움직일 수가 없다. *n*-형 쪽에서는 양이온 코어가, *p*-형 쪽에서는 음이온 코어가 노출된다. 이 때 전기장 이 *n*-형 재료에 있는 양이온 코어와 *p*-형 재료에 있는 음이온코어 사이에 형성이 된다. 전기장이 자유 캐리어들을 몰아내기 때문에 이 영역을 결핍 영역(Depletion region)이라 하는데, 따라서 이 영역에서는 자유 캐리어가 없다. 접합에서 형성된 E

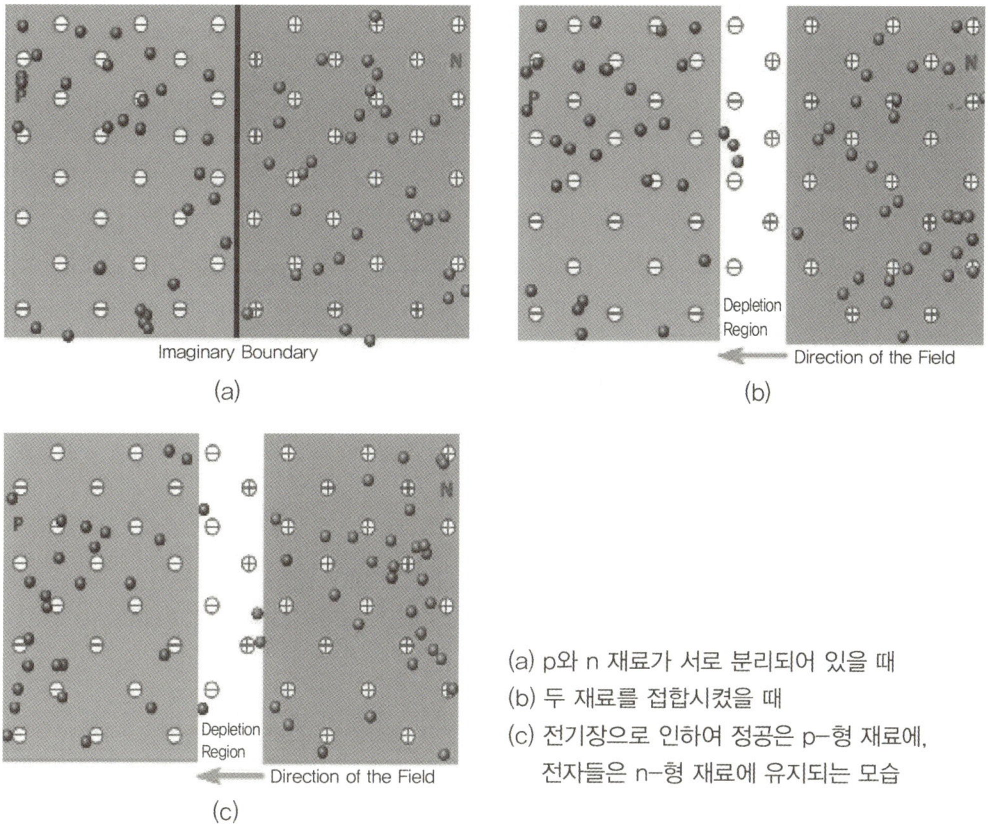

(a) p와 n 재료가 서로 분리되어 있을 때
(b) 두 재료를 접합시켰을 때
(c) 전기장으로 인하여 정공은 p-형 재료에, 전자들은 n-형 재료에 유지되는 모습

그림 10-7 *p-n* 접합의 형성 과정

에 기인하여 내부 전위차(Built in potential) V_{bi} 이 형성된다.

● *p-n* 접합 다이오드

외부인자로부터 독립된 *p-n* 접합은 결핍 영역에서의 전기장 존재 하에서 캐리어 생성과 재결합, 확산과 표류 사이에 평형이 이루어진다. 캐리어들의 확산을 방해하는 전기장의 존재에도 불구하고 일부 캐리어들은 여전히 확산에 의해 접합을 건넌다. 확산 영역의 가장자리에 도달하는 소수 캐리어들은 결핍 영역에서의 전기장에 의해 결핍 영역을 가로질러 빠르게 지나가게 된다. 이 전류를 표류전류(Drift current)라고 한다. 평형에서 표류전류는 접합의 확산 길이 범위 내에서 열적으로 생성된 소수 캐리어들의 개수에 의해 제한을 받는다.

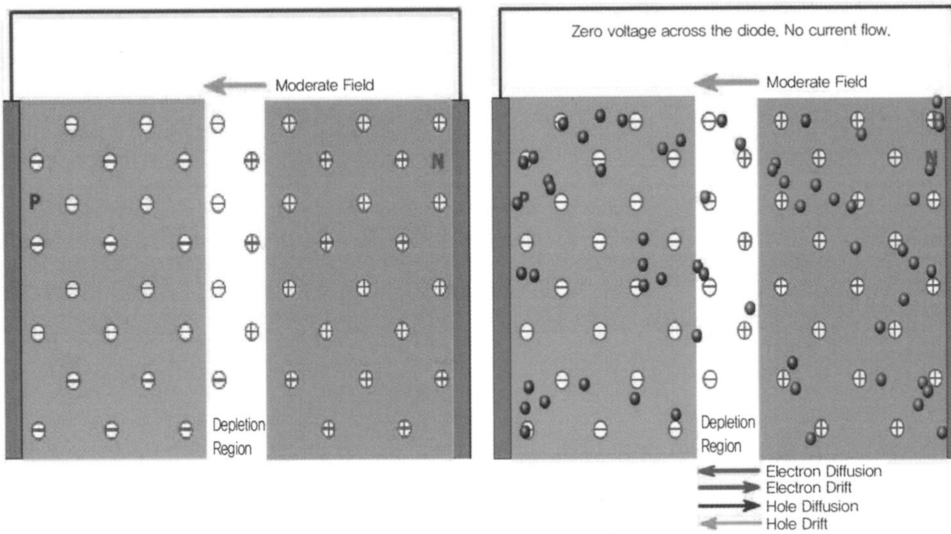

그림 10-8 *p-n* 접합 다이오드의 평형 상태

평형에서 소자로부터의 순수(Net)전류는 제로이다. 전자의 표류전류와 전자의 확산전류는 정확하게 상쇄된다. 그렇지 않으면 소자의 한 쪽이나 아니면 다른 쪽에 net 전자들이 모여 있게 된다. 마찬가지로 정공의 표류전류와 정공의 확산전류도 역시 상호 상쇄된다.

- *p-n* 접합의 바이어스

순방향 바이어스는 접합에서의 전기장이 감소하도록 소자를 가로질러 인가하는 전압이다. *p*-형 소재에 포지티브 전압을 그리고 n-형 재료에 네거티브 전압을 인가하면 결핍 영역에서의 전기장의 방향과 반대로 전기장이 소자 전체에 인가된다. 그러므로 인해 결핍 영역에서의 net 전기장이 감소하게 된다. 전기장이 감소하게 되면 접합에 있던 평형이 방해를 받아, 접합의 한쪽에서 다른 쪽으로 캐리어들이 확산하는 것을 방해하는 장벽(Barrier)이 낮아져 확산전류가 증가하게 된다. 확산전류가 증가하는 반면에, 표류전류는 결핍 영역의 확산 길이 범위 내에서 혹은 결핍 영역 안에서 생성된 캐리어들의 개수에 의존하기 때문에 본질적으로 변화하지 않고 그대로 있다. 결핍 영역은 그 폭이 단지 극히 약간만 줄어

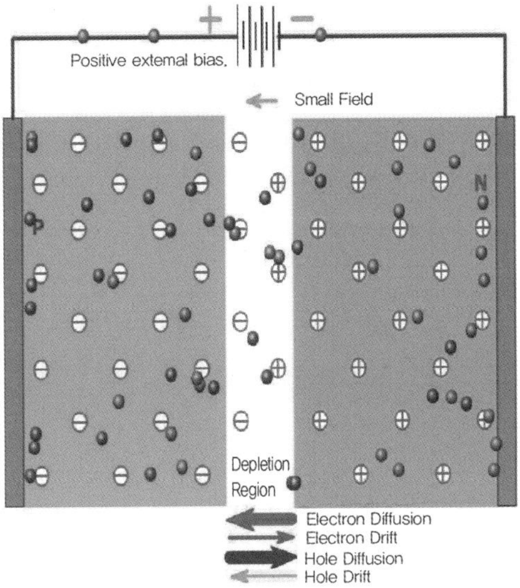

(a) 순방향 바이어스

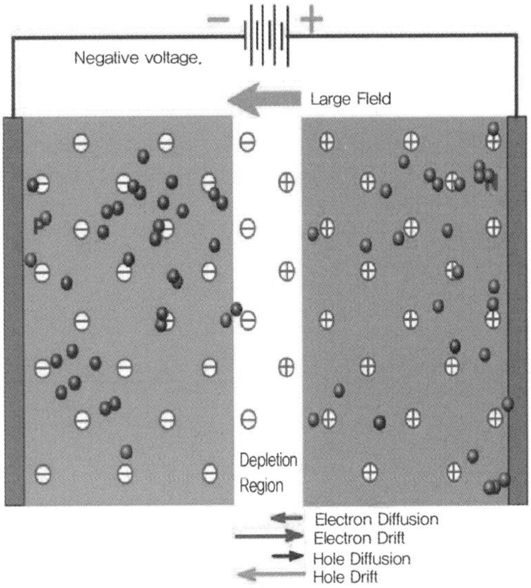

(b) 역방향 바이어스

그림 10-9 *p-n* 접합의 바이어스

들기 때문에 접합을 가로질러 지나가는 소수 캐리어들의 개수는 본질적으로 변하지 않는다.

● 다이오드 방정식

다이오드 방정식은 전압의 함수로 다이오드에 걸쳐 흐르는 전류를 표현한다. 이상적인 다이오드 법칙은 아래와 같다.

$$I = I_0\left(e^{\frac{qV}{kT}} - 1\right)$$

여기서 I는 다이오드를 통해 흐르는 net 전류, I_0는 포화 암전류(Dark saturation current)로 빛이 없을 때의 다이오드 누설 전류밀도(Diode leakage current density), V는 다이오드의 단자를 거쳐 인가된 전압, q는 전하의 절대 값, k는 Boltzmann 상수, T는 절대 온도(K)이다.

포화 암전류(Dark saturation current : I_0)는 다이오드를 구분하는 매우 중요한 변수이다. 하나의 소자에서 I_0는 재결합의 척도이다. 재결합이 더 큰 다이오드는 I_0 값이 더 크다.

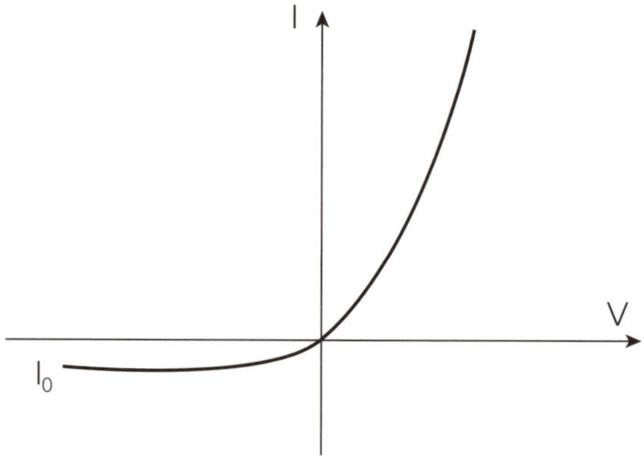

그림 10-10 Diode curve

- 비이상적인 다이오드

실제 다이오드의 경우는 아래와 같이 표시된다.

$$I = I_0\left(e^{\frac{qV}{nkT}} - 1\right)$$

여기서 n은 이상 계수이다. 다이오드의 이상 계수는 다이오드가 어느 정도로 이상적인 다이오드의 방정식을 따르는지를 볼 수 있는 척도이며, 또한 재결합 메커니즘을 이상 계수를 통해 파악할 수 있다.

이상적인 다이오드 방정식은 모든 재결합이 밴드갭을 통해 일어나거나 혹은 벌크에서의(접합 내부가 아님) 트랩을 통해 재결합이 일어나는 것으로 가정한다. 이런 가정을 이용하면 유도 결과로부터 이상적인 다이오드 방정식을 만들 수 있고, n은 1이 된다. 그러나 재결합은 여러 가지 다른 방식으로, 그리고 소자의 여러 다른 영역에서 일어난다. 이들 재결합들로 인하여 이상 계수가 이상적인 값으로부터 벗어나게 되며 다양한 재결합 형태에 따라 아래 표의 결과를 얻을 수 있다.

표 10-1 재결합 유형

재결합 유형	이상 계수	설 명
SRH, band to band (Low level injection)	1	소수 캐리어에 의해 제한되는 재결합
SRH, band to band (High level injection)	2	다수 및 소수 캐리어 모두에 의해 제한되는 재결합
Auger	2/3	두 개의 다수 캐리어와 하나의 소수 캐리어가 요구되는 재결합
Depletion region	2	다수 및 소수 캐리어 모두에 의해 제한되는 재결합

4. 태양전지 구동

● 태양전지 구조

태양전지는 태양광을 전기로 변화시키는 하나의 전자 소자이다. 태양전지에 비치는 빛은 전력 생산에 필요한 전류와 전압을 생산한다. 이 프로세스는 우선 빛을 흡수하여 전자를 더 높은 에너지 상태로 올려주는 재료를 필요로 하고, 두 번째는 이 높은 에너지 상태의 전자가 태양전지로부터 외부 회로로 움직이는 것이 필요하다. 이후에 전자는 그 에너지를 외부 회로에서 발산하고 태양전지로 돌아온다. 잠재적으로 여러 종류의 재료와 프로세스가 태양전지의 에너지 변환 요구조건을 만족시킬 수 있으나, 실제로 거의 모든 태양전지는 *p-n* 접합의 형태로 반도체 재료를 이용한다.

태양전지의 작동에서의 기본 단계는 아래와 같다.

- 빛에 의한 캐리어들의 생성
- 전류를 발생시키기 위해 빛에 의해 생성된 캐리어들의 수집
- 태양전지에 걸쳐 큰 전압의 생성
- 부하와 기생적인(Parasitic) 저항에서 출력의 소실(Dissipation)

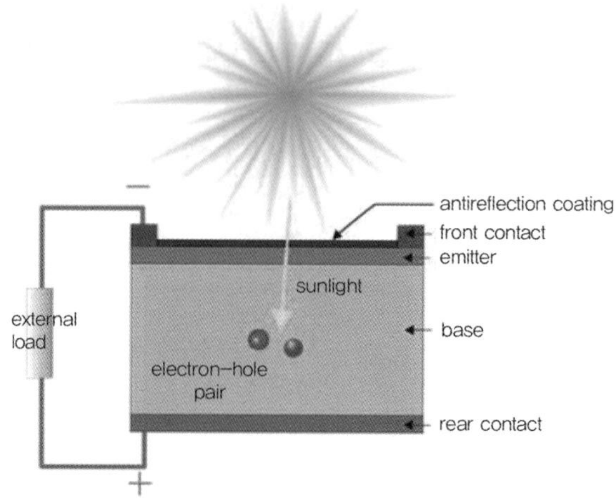

그림 10-11 태양전지의 단면

● 태양전지 *I-V* 곡선

태양전지의 *I-V* 곡선은 암상태에서의 태양전지 다이오드의 *I-V* 곡선과 광생성 전류의 중첩이다. 태양전지에 빛을 비추면 광생성 전류가 다이오드에서의 암 전류(Dark current)에 반대 방향으로 추가가 되고, 다이오드

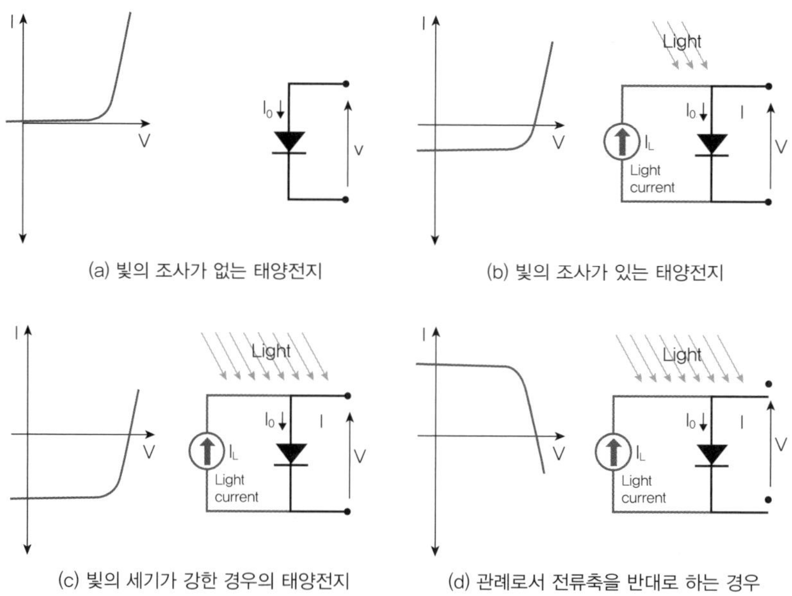

그림 10-12 태양전지 *I-V* 곡선

법칙은 아래 식과 같이 된다. 여기서 I_L 은 광생성 전류이다.

$$I = I_0\left[\exp\left(\frac{qV}{nkT}\right) - 1\right] - I_L$$

2 태양전지 평가 (1) 성능인자

1. 실험 목적

- 태양전지의 작동 원리 및 *I-V* 커브를 이해한다.
- 태양전지의 성능 인자들의 평가 방법을 숙지한다.

2. 실험 원리

- 단락 전류(Short-Circuit Current)

단락 전류는 태양전지에 걸려있는 전압이 제로일 때(즉 태양전지가 단락회로일 때), 태양전지를 흐르는 전류이다. 통상 I_{SC} 로 표기하는데, 아래 *I-V* 곡선에 나타나 있다.

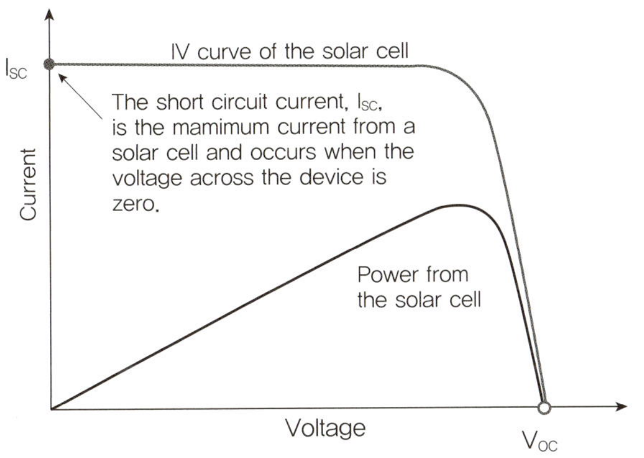

그림 10-13 단락 전류를 보여주는 태양전지의 *I-V* 곡선

단락 전류는 광생성 캐리어들의 생성과 수집에 기인한 것이다. 저항에 의한 손실 메커니즘이 없는 이상적인 태양전지의 경우에 단락 전류와 광생성 전류는 동일하다.

● 개방 전압(Open-Circuit Voltage)

개방 전압(Open-circuit voltage : V_{OC})은 태양전지로부터 얻을 수 있는 최대 전압이고, 그리고 이는 전류가 제로일 때 일어난다.

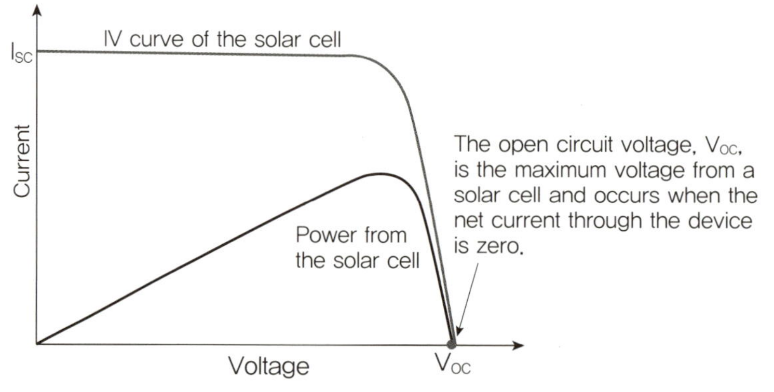

그림 10-14 개방 전압을 보여주는 태양전지의 *I-V* 곡선

V_{OC} 를 나타내는 방정식은 태양전지 방정식에서 net 전류를 제로로 설정하면 다이오드 방정식을 이용해서 구할 수 있다.

$$V_{OC} = \frac{nkT}{q}\ln\left(\frac{I_L}{I_0} + 1\right)$$

● 충진율 또는 곡선 인자(Fill factor)

단락 전류와 개방 전압은 각각 태양전지의 최대 전류와 전압이다. 그러나 이들 동작 조건에서는 태양전지의 출력이 제로이다. 줄여서 보통 *FF* 라고 표시하는 충진율(Fill factor)은 V_{OC} , I_{SC} 와 함께 태양전지의 최대 출력을 결정하는 인자이다. *FF* 는 V_{OC} , I_{SC} 의 곱에 대한 태양전지 최대 출력의 비이다. 그래프에서 *FF* 는 *I-V* 곡선에 들어가는 최대 직사각형의 면적이다. 아래 그림은 *FF* 를 나타낸 것이다. 최대 전력을 $I_{SC} \times V_{OC}$ 의 곱으로 나눈 값으로 정의한다. 즉 아래와 같이 표시된다.

$$FF = \frac{V_{MP} I_{MP}}{V_{OC} I_{SC}}$$

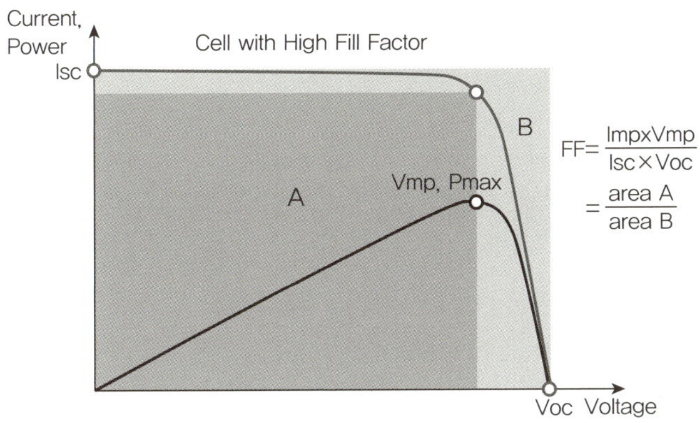

그림 10-15 전압의 함수로 나타낸 태양전지 출력 전류(적색 선)와 전력(Power : 청색 선) 그래프

● 효율(Efficiency)

효율은 태양전지의 성능을 다른 태양전지와 비교할 때 가장 널리 사용되는 성능 인자이다. 효율은 태양으로의 입력 에너지 대비 태양전지로부터의 출력 에너지의 비로 정의한다. 태양전지 자체의 성능을 반영하는 것 외에도, 효율은 입사 태양광의 스펙트럼과 세기, 그리고 태양전지의 온도에 의존한다. 그러므로 태양전지 사이의 성능을 비교하기 위해 태양전지의 효율을 측정할 때의 조건은 조심스럽게 제어하여야 한다. 지상용 태양전지는 AM 1.5의 조건과 25°C의 온도에서 측정한다.

태양전지의 효율은 전력으로 변환되는 입사 태양광 세기의 비율로 아래와 같이 결정된다.

$$P_{\max} = V_{OC} I_{SC} FF$$

$$\eta = \frac{V_{OC} I_{SC} FF}{P_{in}}$$

여기서 V_{OC}는 개방 전압, I_{SC} 는 단락 전류, FF 는 충진율, η 는 효율이다. 면적 10 × 10 cm^2 태양전지에서 입력 전력은 100 mW/cm^2 × 100 cm^2 = 10 W이다.

3. 시약 및 기구

- Solar Simulator
- Reference Si 태양전지
- 온도계

4. 실험 과정

① 태양전지를 Solar Simulator에 양극과 음극을 주의하여 연결한다.
② 태양전지 표면의 온도가 25℃ 인 것을 확인한다.
③ 측정 전압 범위, 전압 간격 등을 입력 후 평가한다.
④ 평가를 3번 반복한다.

5. 결과

- *I-V* 커브를 plot하시오.

측정 1	측정 2	측정 3

● 성능 인자

	V_{OC}	I_{SC}	FF	V_{mpp}	I_{mpp}	P_{max}	η
평가 1							
평가 2							
평가 3							
평균 및 표준오차							

3 기생 저항 분석

1. 실험 목적

① 기생 저항이 *I-V* 곡선에 미치는 영향을 이해한다.
② 기생 저항 성분을 평가하는 방법을 이해한다.

2. 실험 원리

태양전지에서의 기생 저항은 전력을 소실시켜 태양전지의 효율을 떨어뜨리며, 직렬 저항(Series resistance)과 병렬 저항(Shunt resistance)으로 구분된다. 다음 그림은 태양전지 모델에 이 2개의 저항 성분을 포함시킨 것이다.

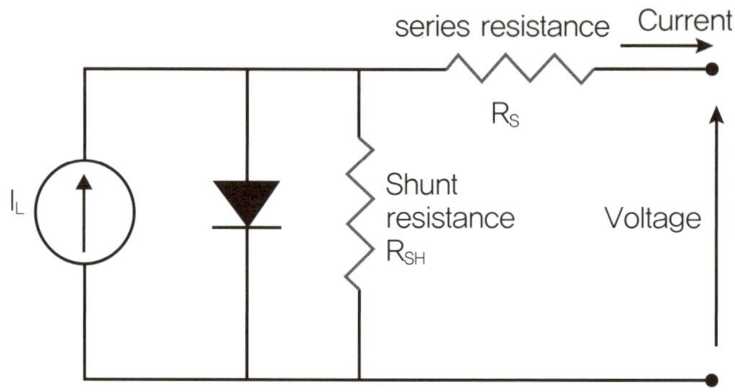

그림 10-16 태양전지에서 직렬 저항과 병렬 저항

기생 저항의 핵심 영향은 충진율을 저하시키는 것이다. 저항의 크기는 태양전지 면적에 의존하기 때문에 면적이 다른 태양전지의 직렬 저항을 비교할 때 널리 사용되는 단위는 Ωcm^2이다. 이렇게 면적에 대해 정규화한 저항은, 아래와 같이 Ohm 법칙에서 전류를 전류 밀도로 대체할 때의 결과이다.

$$R'(\Omega cm^2) = \frac{V}{J}$$

- 직렬 저항(Series Resistance)

이 값이 과도하게 높으면 단락 전류도 낮아지지만, 직렬 저항의 주요 영향은 충진율을 낮추는 것이다. *I-V* 곡선에 미치는 직렬 저항의 영향은 아래와 같다.

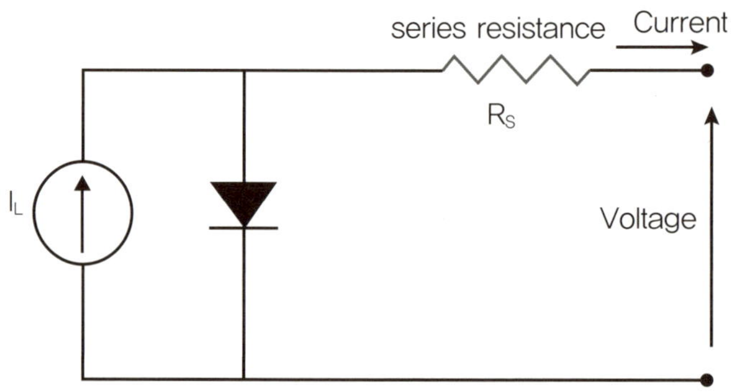

그림 10-17 직렬 저항을 가진 태양전지의 회로도

$$I = I_L - I_0 \exp\left[\frac{q(V + IR_S)}{nkT}\right]$$

여기서 I는 태양전지의 출력 전류, I_L 은 광생성 전류, V는 태양전지 단자 사이의 전압, T는 온도, q 와 k는 상수, R_S 는 태양전지 직렬 저항이다.

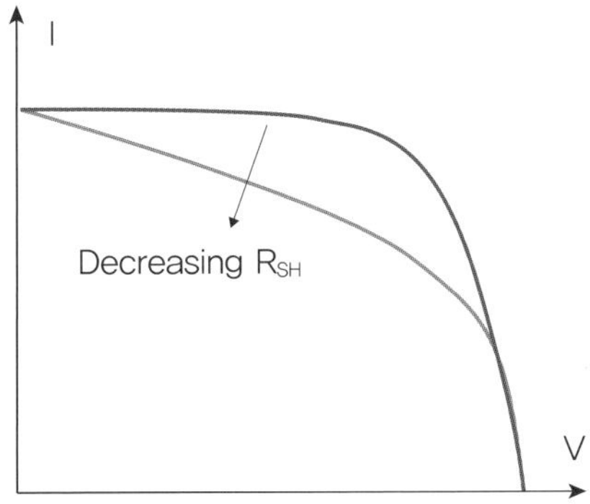

그림 10-18 *I-V* 곡선에 직렬 저항의 영향

개방 전압 가까이에서는 *I-V* 곡선이 직렬 저항에 의해 강하게 영향을 받는다. 간단하게 태양전지의 직렬 저항을 추정하는 방법은 개방 전압 점에서의 *I-V* 곡선의 기울기를 구하는 것이다.

● 병렬 저항(Shunt Resistance)

병렬 저항이 낮으면 광생성 전류에 전류가 흐를 수 있는 대체 경로가 제공되기 때문에 태양전지의 전력 손실이 발생한다. 병렬 저항을 있을 때의 태양전지 방정식은 다음과 같다.

$$I = I_L - I_0 \exp\left(\frac{qV}{nkT}\right) - \frac{V}{R_{SH}}$$

여기서 I는 태양전지의 출력 전류, I_L 는 광생성 전류, V는 태양전지 단자 사이의 전압, T는 온도, q 와 k는 상수, R_{SH} 는 태양전지 병렬 저항이다.

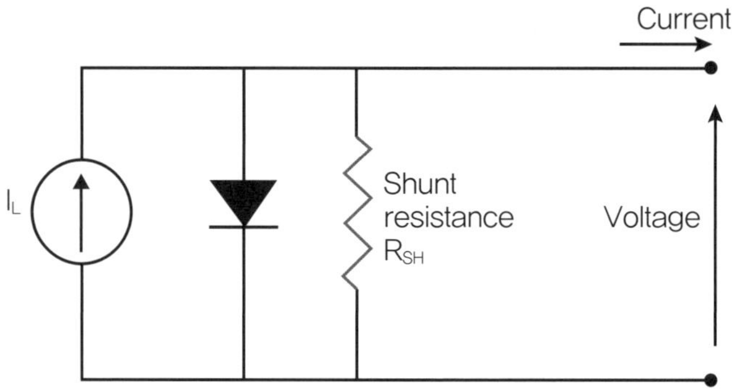

그림 10-19 병렬 저항을 가진 태양전지의 회로도

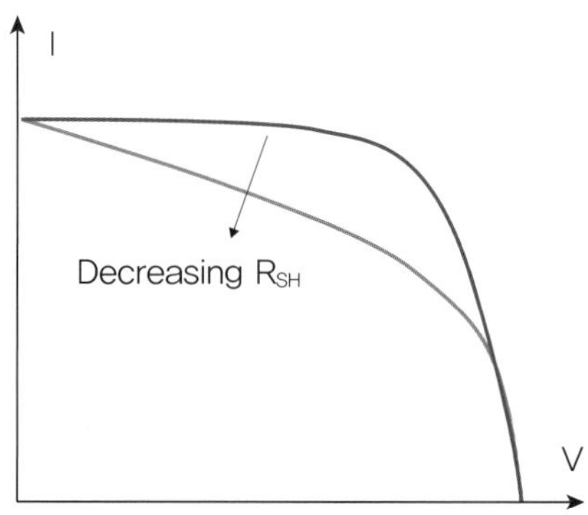

그림 10-20 *I-V* 곡선에 병렬 저항의 영향

태양전지의 병렬 저항의 추정은 단락 전류 점 부근에서의 *I-V* 곡선의 기울기로부터 결정할 수 있다.

● 직렬 저항과 병렬 저항 둘 다의 영향

직렬 저항과 병렬 저항이 둘 다 있을 때 태양전지의 *I-V* 곡선은 다음과 같이 주어진다.

$$I = I_L - I_0 \exp\left[\frac{q(V+IR_S)}{nkT}\right] - \frac{(V+IR_S)}{R_{SH}}$$

3. 시약 및 기구

- Solar Simulator
- Reference Si 태양전지
- 온도계
- origin 프로그램

4. 실험 과정

① 앞에서 평가한 3개의 data를 이용하여, origin 프로그램에서 x축 절편과 y축 절편에서 fitting 기능을 통해 기울기를 구한다.

② 기울기의 역수의 값이 저항이며, x축 절편에서 기울기의 역수는 R_S, y축 절편에서 기울기의 역수는 R_{SH}이다.

③ 태양전지 면적을 고려하여, 단위를 $\Omega\,cm^2$으로 변환한다.

5. 결과

- *I-V* 곡선에 R_S 와 R_{SH} 의 값 및 위치를 표시하시오.

평가 1	평가 2	평가 3

● R_S 와 R_{SH} 의 평균값을 구하시오.

	$R_S(\Omega cm^2)$	$R_{SH}(\Omega cm^2)$
평가 1		
평가 2		
평가 3		
평균 및 표준오차		

4 양자효율 평가

1. 실험 목적

① 외부 양자효율의 원리와 평가하는 방법을 이해한다.
② 내부 양자효율의 원리와 평가하는 방법을 이해한다.

2. 실험 원리

양자효율(Quantum efficiency: QE)은 특정 에너지를 가지고 태양전지에 입사된 광자(Photon)의 개수 대비 태양전지에 의해 수집된 캐리어의 개수의 비율이다. 양자효율은 파장의 함수로 혹은 에너지의 함수로 주어질 수도 있다. 특정 파장의 모든 광자들이 흡수되고 그 결과 소수 캐리어들이 수집되면 그 특정 파장에서의 양자효율은 1이다. 밴드갭보다 낮은 에너지를 가진 광자들의 양자효율은 제로이다. 그림 10-21은 이상적인 태양전지의 양자 효율 곡선이다.

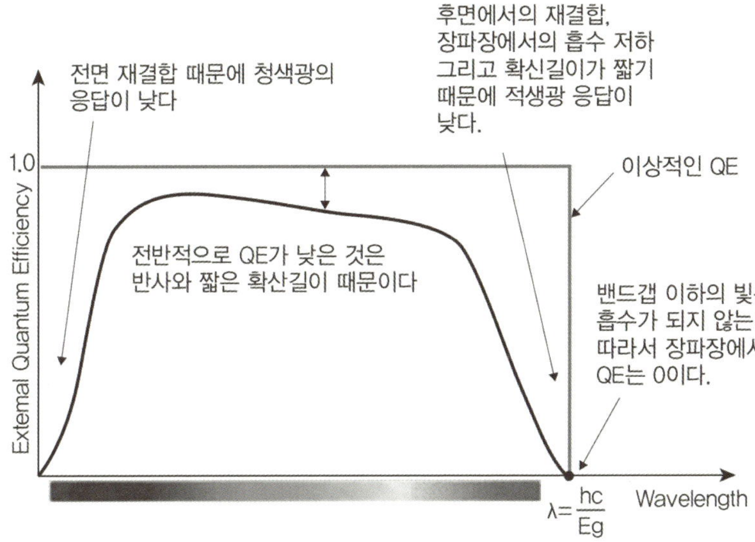

그림 10-21 실리콘 태양전지의 양자효율

실리콘의 외부 양자효율은 투과와 반사와 같은 광학적 손실의 효과를 포함한 것이다. 그러나 반사와 투과에 의한 손실을 제외하고 실제 흡수된 빛을 기준으로 양자효율을 보는 것이 편리한 경우가 있다. 내부 양자효율은 태양전지 내부에 실제 흡수된 광자들이 캐리어들을 생성한 효율을 가리킨다. 소자의 반사와 투과율을 측정하면 소자의 흡수율을 계산할 수 있고, 외부 양자효율 곡선을 흡수율로 나누어 내부 양자효율 곡선을 얻을 수 있다.

3. 시약 및 기구

- Reference Si
- 태양전지
- 양자효율 평가 시스템
- UV/Vis spectrophotometer

4. 실험 과정

① 양자효율 평가 시스템을 이용해 외부 양자효율을 평가한다.
② UV/Vis spectrophotometer를 이용해 반사율을 평가한다.
③ 100% -(반사율)을 이용해 흡수율을 계산한다.
④ 흡수율 및 외부 양자효율을 이용해 내부 양자효율을 계산한다.

5. 결과

- 외부 양자효율, 흡수율, 내부 양자효율의 그래프를 얻는다.

외부 양자효율과 흡수율을 한 그래프에 삽입하시오.	내부 양자효율 그래프를 삽입하시오.

▷ 참고 문헌 ◁

1) Jenny Nelson, The Physics of Solar Cells, Imperial College Press, 2002.

2) Christiana Honsberg and Stuart Bowden, PVCDROM, Arizona State University, 2010.(http://www.pveducation.org/pvcdrom)

3) http://www.ni.com/white-paper/7230/ko/

4) http://solarwiki.ucdavis.edu/The_Science_of_Solar/Solar_Basics/D._PN_Junction_Diodes/III._Ideal_Diode_Equation

재료 기초 실험

2014년 6월 20일 초판 발행
2021년 2월 25일 2쇄 발행

지은이 _ 문태호 · 윤종원
펴낸이 _ 김수복
기 획 _ 김남필
편 집 _ 성두현
마케팅 _ 김민배
펴낸곳 _ 단국대학교출판부
등 록 _ 1968.2.27 : No. 제03-00095호
주 소 _ 경기도 용인시 수지구 죽전로 152
전 화 _ 031-8005-2405
팩 스 _ 031-8021-7154

값 10,000원

ISBN 978-89-7092-525-7 03570